职业教育"十三五"规划教材·无人机应用技术

无人机结构与原理

主编　张月义

编者　张月义　郭文亮　张翰博
　　　张鹤东　李小卓

U0202356

西北工业大学出版社

西　安

【内容简介】 本书从基础的低速和高速空气动力学讲述飞机的飞行基本原理,再从三大类无人机(固定翼、直升机、多旋翼)具体阐述无人机的飞行姿态调整与空气动力、结构的关系。本书图文并茂,通俗易懂,对不易理解的知识点通过实例加以说明。在每章都有课前预习、总结及课后习题。

本书可作为中职院校无人机相关专业学生的专业基础课教材,也可作为无人机科研、生产和培训机构工作人员以及广大无人机及航模爱好者的学习、培训教材。

图书在版编目(CIP)数据

无人机结构与原理/张月义主编. —西安:西北工业大学出版社,2020.2(2025.2重印)

ISBN 978 - 7 - 5612 - 6921 - 3

Ⅰ.①无… Ⅱ.①张… Ⅲ.①无人驾驶飞机-教材 Ⅳ.①V279

中国版本图书馆 CIP 数据核字(2020)第 024469 号

WURENJI JIEGOU YU YUANLI

无 人 机 结 构 与 原 理

责任编辑: 孙 倩		**策划编辑:** 杨 军	
责任校对: 万灵芝		**装帧设计:** 李 飞	
出版发行: 西北工业大学出版社			
通信地址: 西安市友谊西路 127 号		**邮编:** 710072	
电 话: (029)88491757,88493844			
网 址: www.nwpup.com			
印 刷 者: 兴平市博闻印务有限公司			
开 本: 787 mm×1 092 mm		1/16	
印 张: 10.75			
字 数: 282 字			
版 次: 2020 年 2 月第 1 版		2025 年 2 月第 4 次印刷	
定 价: 39.80 元			

前　言

围绕实现制造强国的战略目标,国务院 2015 年 5 月印发《中国制造 2025》,明确了 9 项战略任务和重点。根据《中国制造 2025》,选择了包括航空航天装备在内的十大优势和战略产业作为突破点,以力争到 2025 年达到国际领先地位或国际先进水平。中国制造 2025 重点领域技术路线图中指出,航空航天装备到 2025 年需求总价值约 2 万亿美元,随着空域开放的不断推进,国内通用飞机、直升机和无人机市场巨大。争取到 2025 年,无人机在边境巡逻、治安反恐、农林牧渔、地图测绘、管线监测与维修、应急救援和摄影娱乐等领域大量应用,市场规模超千亿元。

行业发展,人才先行。随着国内智能制造的加速推进,当下无人机应用及开发人才的培养模式、课程体系、教育方式等诸多因素引发的人才培养与企业需求严重脱节,从而造成当前企业和人才之间存在着非常突出的矛盾。一方面企业招不到合适的人才,另一方面大批的"人才"找不到工作。为适应智能制造新时代企业对人才的需求,我们对国内外多家知名无人机企业、高等学校、无人机科研机构进行为期一年半的深度调研后开发出本课程体系,并将在继续保持每一年半对课程体系更新升级的前提下,根据市场需求变化和行业发展趋势,针对性研发出适合当下无人机应用与开发人才所需的课程体系。我们的目标旨在通过课程体系学习和实践,借助广西科技商贸高级技工学校系统严谨的教学体系和科学严格的教学管理,不仅能够循序渐进地帮助读者掌握无人机应用与开发专业知识和技能,而且能快速积累项目工作经验,提升高端智能制造人才的综合素质,从而真正成为当代智能制造企业的复合型无人机应用与开发人才。

本课程具有以下特色。

1. 技术前瞻性

70 多位职业教育专家和无人机行业技术总监,根据企业需求和无人机行业技术的发展前景,共同研发了此课程体系,新体系在保证技术稳定性、实用性的基础上,有预见性地增加了行业前沿技术,使学生全面掌握专业技能,为学生职业生涯的专向发展奠定基础。

2. 业务通用性

针对国内外前十家无人机应用与研发企业展开行业人才需求调研,掌握了企业对学生所要求具备的行业知识并进行深入剖析。企业希望学生能够快速理解企业的业务需求,为此,本课程体系结合无人机行业技术实际,将企业中许多通用业务作为教材案例、授课案例、阶段项目或者实战项目等贯穿于整个体系之中,大大增加学生对常规业务的理解和实现,进一步缩小学校和企业的距离,为学生顺利就业、上岗奠定坚实的基础。

3. 案例趣味性

如果不能让学生产生学习的兴趣,那么学习就是枯燥的,学生很难坚持并取得好的效果。课程体系中涉及大量的贯穿案例,从实际生活出发,列举了很多有趣的、浅显易懂的生活实例,从提出问题到分析问题,在寓教于乐中将枯燥的专业技术转换为学生应该具备的无人机应用与开发能力。

4. 体系系统性

广西科技商贸高级技工学校的教学体系是经过多年教学经验总结,根据学生认知规律形成的教学体系。该课程体系由浅入深,循序渐进,理论与趣味教学融为一体,将技能培养与素质教育完美结合,真正能够把学生打造成为企业最需要的无人机应用与开发人才。

本书内容安排如下:

第1章为认识目前常见的飞行器并了解飞机的研制过程。第2章为低速空气动力学基础,这是研究无人机动力的最基础理论。第3章为高速空气动力学基础,虽然民用无人机涉及较少,但作为空气动力学的基础知识学生应熟知了解。第4章着重讲述固定翼飞机的机翼尾翼以及它们对固定翼飞机产生升力、阻力、推力的作用。第5章为飞机机身结构分析。第6章讲述无人直升机的结构,是后期学习操作与设计无人直升机的重要知识。第7章为直升机飞行原理。第8章为多旋翼无人机的结构与飞行原理,着重讲述各类型部件的特性与识别,是后期多旋翼无人机实习、考证的基础。

本书主编为张月义。本书第2,3,4,5章由张月义、郭文亮编写,第6,7章由张翰博、李小卓编写,第1,8章由张鹤东编写。

由于水平有限,书中难免有遗漏和不当之处,恳请读者批评指正。

编　者

2019 年 9 月

目 录

第 1 章 认识飞行器

1.1 课前预习

在书中找到答案

(1) 何种飞行器称为航天器？它和航空飞行器的差别是什么？

(2) 描述旋翼航空器的功能与特点。

(3) 空间探测器分为几种？它们分别是什么？

(4) 描述飞机在研制过程中的论证阶段。

(5) 描述火箭的基本组成部分。

1.2 飞行器概述

人类很早就有在空中像鸟类一样飞行的理想,远至古希腊的阿尔希塔斯所制造的机械鸽、澳大利亚的飞行器、中国的孔明灯和风筝都与该理想有关系。在中国古代,有人在文学著作中描述了飞行的理想,而且还有人设计了一些大型的风筝飞行器,试图实现这种脱离大地束缚的理想。明朝的万户飞行器,就设计了一种将几十支火药火箭绑在椅子上,手拿风筝进行飞行的试验。世界上最早的飞行器是中国发明的风筝。15 世纪,意大利的达·芬奇也曾设计过飞行器。

现代飞行器的发展,得益于 19 世纪工业革命带来的科学和技术的巨大飞跃。19 世纪,不断有人试图突破空气的束缚,但都失败了。随着内燃机的发明和广泛应用,在空气中飞行也逐渐成为可能。1903 年,美国的莱特兄弟率先在美国制造出能够飞行的飞机,并且实现了飞行的梦想。随后,飞机及其相关的科学和技术得到了飞速发展。

本章所讲内容：

(1) 飞行器的分类；

(2) 飞机的研制过程；

(3) 四旋翼无人机的结构；

(4) 航空和航天飞行器特点。

1.3 飞行器的分类

1.3.1 飞行器

在大气层内或大气层外空间(太空)飞行的器械统称为飞行器。飞行器可分为 3 类:航空器、航天器、火箭和导弹。

在大气层内飞行的飞行器称为航空器,如气球、飞艇和飞机等(见图 1-1 至图 1-4)。它们靠空气的静浮力或空气相对运动产生的空气动力升空飞行。

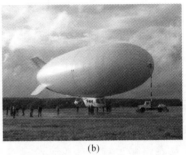

(a)   (b)

图 1-1 轻于空气的航空器——气球和飞艇

(a)气球; (b)飞艇

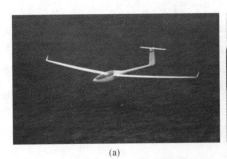

(a)   (b)

图 1-2 滑翔机

(a)无动力滑翔机; (b)动力滑翔机

(a)   (b)

图 1-3 飞机

(a)民用飞机; (b)军用飞机

图 1-4　旋翼机

(a)单旋翼机；　(b)多旋翼机

在太空飞行的飞行器称为航天器(见图 1-5),如人造地球卫星、载人飞船、空间探测器和航天飞机等。它们在运载火箭的推动下获得必要的速度进入太空,然后在引力作用下完成与天体类似的轨道运动。装在航天器上的发动机可提供轨道修正或改变姿态所需的动力。

图 1-5　航天器

(a)人造卫星；　(b)空间探测器；　(c)航天飞机

火箭是以火箭发动机为动力的飞行器(火箭发动机也常简称为火箭),可以在大气层内,也可以在大气层外飞行。它不靠空气静浮力,也不靠空气动力,而是靠火箭发动机的推力升空飞行。导弹有主要在大气层外飞行的弹道导弹和装有翼面在大气层内飞行的地空导弹、巡航导弹等。有翼导弹在飞行原理上,甚至在结构上与飞机颇为相似。导弹是装有战斗部的可控制的火箭。通常火箭和导弹都只能使用一次,人们往往把它们归为一类(见图 1-6)。

1.3.2　航空器

能在大气层内进行可控飞行的各种飞行器统称为航空器(见图 1-1 至图 1-4)。任何航空器都必须产生一个大于自身重力的向上的力,才能升入空中。根据产生向上力的基本原理的不同,航空器可划分为两大类:轻于空气的航空器和重于空气的航空器。前者靠空气静浮力升空,又称浮空器;后者靠空气动力克服自身重力升空。

(a)   (b)

图 1-6　火箭与导弹

(a)火箭;　(b)导弹

　　轻于空气的航空器的主体是一个气囊,其中充以密度较空气小得多的气体(氢或氦),利用大气的浮力使航空器升空。气球和飞艇都是轻于空气的航空器,二者的主要区别是前者没有动力装置,升空后只能随风飘动,或者被系留在某一固定位置上,不能进行控制;后者装有发动机、空气螺旋桨、安定面和操纵面,可以控制飞行方向和路线。

　　重于空气的航空器的升力是由其自身与空气相对运动产生的。固定翼航空器主要由固定的机翼产生升力。旋翼航空器主要由旋转的旋翼产生升力。

　　1.固定翼航空器

　　(1)飞机。飞机是最主要的、应用范围最广的航空器。它的特点是装有提供拉力或推力的动力装置,产生升力的固定机翼,控制飞行姿态的操纵面。20 世纪 80 年代初出现的航天飞机,虽然也有机翼并具有与飞机类似的外形,但它是靠火箭推动在发射架上垂直发射而飞出大气层,然后在近地轨道上运行的。航天飞机返回时主要靠无动力滑翔着陆,这是它与飞机的主要不同之处。

　　由动力装置产生前进推力,固定机翼产生升力,在大气层中飞行的重于空气的航空器称为飞机(见图 1-3)。无动力装置的滑翔机、以旋翼作为主要升力面的直升机以及在大气层外飞行的航天飞机都不属于飞机的范围。

　　飞机按用途可分为军用飞机和民用飞机两大类。军用飞机是按各种军事用途设计的飞机,主要包括歼击机(战斗机)、截击机、歼击轰炸机、强击机(攻击机)、轰炸机、反潜机、侦察机、预警机、电子干扰飞机、军用运输机、空中加油机和舰载飞机等。民用飞机则泛指一切非军事用途的飞机,包括旅客机、货机、公务机、农业机、运动机、救护机和试验研究机等。其中旅客机、货机和客货两用飞机又统称为民用运输机。现代运输机具有快速、舒适和安全可靠的优点,并且不受复杂地形的影响,能在两地之间完成最短距离的航行。

　　(2)滑翔机。滑翔机与飞机的根本区别是,它升高以后不用动力而靠自身重力在飞行方向的分力向前滑翔。虽然有些滑翔机装有小型发动机(称为动力滑翔机),但主要是在滑翔飞行前用来获得初始高度。

2.旋翼航空器

旋翼航空器由旋转的旋翼产生空气动力。旋翼机的旋翼没有动力驱动,当它在动力装置提供的拉力或推力作用下前进时,迎面气流吹动旋翼,像风车似地旋转,从而产生升力。有的旋翼机还装有固定小翼面,由它提供一部分升力。直升机的旋翼是由发动机驱动的,升力和水平运动所需的拉力都由旋翼产生。

(1)直升机。以动力驱动的旋翼作为主要升力来源,能垂直起落的重于空气的航空器称为直升机(见图1-4)。它既区别于以旋翼作为主要升力来源但不能垂直起落的旋翼机,又区别于不是以旋翼作为主要升力来源的垂直起落飞机。直升机属于旋翼航空器,装有一副或几副类似于大直径螺旋桨的旋翼。旋翼安装在机体上方近于铅垂的旋翼轴上,由动力装置驱动,能在静止空气和相对气流中产生向上的升力。旋翼受自动倾斜器操纵又可产生向前、向后、向左或向右的水平分力。因此,直升机既能垂直上升下降、空中悬停,又能向前后左右任一方向飞行。直升机可以在狭小场地上垂直起飞和降落而无需跑道。在超载情况下,有机轮的直升机也可以滑跑起飞。当发动机在空中停车时,直升机还可以利用旋翼自转下滑,安全着陆。

(2)多旋翼飞行器。多旋翼飞行器采用多个旋翼作为飞行的直接动力源,旋翼对称分布在机体的前、后、左、右四个方向,多个旋翼处于同一高度平面,且每个旋翼的结构和半径都相同,如四旋翼飞行器(见图1-7):旋翼1和旋翼3逆时针旋转,旋翼2和旋翼4顺时针旋转。每个电机对称地安装在飞行器的支架端,支架中间空间安放飞行控制计算机和外部设备。

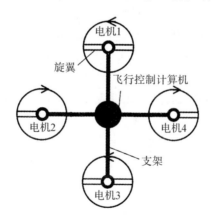

图1-7　四旋翼飞行器的结构形式

典型的传统直升机配备有一个主转子和一个尾桨。它们是通过控制舵机来改变螺旋桨的桨距角,从而控制直升机的姿态和位置。多旋翼飞行器与此不同,是通过调节每个电机转速来改变旋翼转速,实现升力的变化,从而控制飞行器的姿态和位置。由于飞行器是通过改变旋翼转速实现升力变化的,这样会导致其动力不稳定,所以需要一种能够长期确保稳定的控制方法。多旋翼飞行器是一种六自由度的垂直起降机,因此非常适合在静态和准静态条件下飞行。

航空器的应用非常广泛。在军事上,它可用于航空侦察、轰炸、反潜、空战,运输兵员、武器和作战物资;在民用上,可完成货运、客运、农业、渔业、林业、气象、探矿、空中测量和空中摄影等方面的任务。此外,航空器还是进行科学研究的一种重要工具。在人造地球卫星、载人飞船等航天器出现之前,有关高空气象、大气物理、地球物理、地质学、地理学等方面的许多研究工作,都借助于航空器。即使在航天器出现之后,航空器由于价格较低、使用方便,仍是在高空进行科学研究的重要工具。

飞机诞生多年来,性能有了显著提高,已研制出最大飞行速度超过倍声速、飞行高度达30 km 的军用飞机,活动半径可超过 4 000 km 、载弹量超过 20 t 的超声速轰炸机,以及载客 500~800 人、能进行洲际飞行的旅客机。直升机的历史虽然只有 50 多年,但也已发展成为比较完备的、有特殊功能(垂直起降,空中悬停)的航空器。

1.3.3 航天器

航天器又称空间飞行器、太空飞行器,它是按照天体力学的规律在太空运行,执行探索、开发、利用太空和天体等特定任务的各类飞行器(见图 1-5)。世界上第一个航天器是苏联于1957 年 10 月 4 日发射的"人造地球卫星 1 号",第一个载人航天器是苏联航天员尤里·加加林乘坐的"东方号"飞船,第一个把人送到月球上的航天器是美国"阿波罗 11 号"飞船,第一个兼有运载火箭、航天器和飞机特征的飞行器是美国"哥伦比亚号"航天飞机。航天器为了完成航天任务,必须与航天运载器、航天器发射场和回收设施、航天测控和数据采集网与用户台站(网)等互相配合,协调工作,共同组成航天系统。航天器是执行航天任务的主体,是航天系统的主要组成部分。

至今,航天器基本上都在太阳系内运行。美国 1972 年 3 月发射的"先驱者 10 号"探测器,在 1986 年 10 月越过冥王星的平均轨道,成为第一个飞出太阳系的航天器。

航天器的出现使人类的活动范围从地球大气层扩大到广阔无垠的宇宙空间,引发了人类认识自然和改造自然能力的飞跃,对社会经济和社会生活产生了重大影响。

航天器在地球大气层以外运行,摆脱了大气层阻碍,可以接收到来自宇宙天体的全部电磁辐射信息,开辟了全波段天文观测;航天器从近地空间飞行到行星际空间,实现了对空间环境的直接探测以及对月球和太阳系大行星的逼近观测和直接取样观测;环绕地球运行的航天器从几百千米到数万千米的距离观测地球,迅速而大量地收集有关地球大气、海洋和陆地的各种各样的电磁辐射信息,直接服务于气象观测、军事侦察和资源考察等方面;人造地球卫星作为空间无线电中继站,实现了全球卫星通信和广播,而作为空间基准点,可以进行全球卫星导航和大地测量;利用空间高真空、强辐射和失重等特殊环境,可以在航天器上进行各种重要的科学实验研究。

航天器具有多种分类方法,可以按照其轨道性质、科技特点、质量大小和应用领域进行分类,按照应用领域进行分类是使用最广泛的航天器分类法。

航天器分为军用航天器、民用航天器和军民两用航天器,这三种航天器都可以分为无人航天器和载人航天器。无人航天器分为人造地球卫星、空间探测器和货运飞船。载人航天器分为载人飞船、空间站和航天飞机、空天飞机。

人造地球卫星分为科学卫星、技术试验卫星和应用卫星。科学卫星分为空间物理探测卫星和天文卫星。应用卫星分为通信卫星、气象卫星、导航卫星、测地卫星、地球资源卫星、侦察卫星、预警卫星、海洋监视卫星、截击卫星和多用途卫星等。

空间探测器分为月球探测器、行星及其卫星探测器、行星际探测器和小行星探测器。

1.3.4　火箭与导弹

火箭有很多种,原始的火箭是用引火物附在弓箭头上,然后射到敌人身上引起焚烧的一种箭矢。起初只是节日放烟火使用。现代的火箭是以热气流高速向后喷出,利用产生的反作用力向前运动的喷气推进装置。它自身携带燃烧剂与氧化剂,不依赖空气中的氧助燃,既可在大气中,又可在外层空间飞行。现代火箭可作为快速远距离运输工具,可以用来发射卫星和投送武器战斗部(弹头)。

火箭可按不同方法分类。按能源不同,火箭分为化学火箭、核火箭、电火箭以及光子火箭等。化学火箭又分为液体推进剂火箭、固体推进剂火箭和固液混合推进剂火箭。按用途不同,火箭分为卫星运载火箭、布雷火箭、气象火箭、防雹火箭以及各类军用火箭等。按有无控制,火箭分为有控火箭和无控火箭。按级数,火箭分为单级火箭和多级火箭。按射程,火箭分为近程火箭、中程火箭和远程火箭等。火箭的分类方法虽然很多,但其组成部分及工作原理是基本相同的。

固态火箭和液态火箭是现今比较常用的火箭。此外,还有混合火箭,就是用固态的燃料而用液态的氧化剂。另外值得一提的是,现今运载火箭大多包含了液态火箭和固态火箭,也就是说,一个火箭可能第一节是固态的而第二节却是液态的。

火箭的基本组成部分有推进系统、箭体和有效载荷。有控火箭还装有制导系统。

火箭推进系统是火箭赖以飞行的动力源。其中火箭发动机按其工质,可分为化学火箭发动机、核火箭发动机、电火箭发动机和光子火箭发动机等。广泛使用的是化学火箭发动机,它是依靠推进剂在燃烧室内进行化学反应释放出来的能量转化为推力的。推力与推进剂每秒消耗量之比称为比冲,它是发动机性能的主要指标,其高低与发动机设计、制造水平有关,但主要取决于所选用的推进剂的性能。火箭发动机的推力,是根据其特点和用途选定的,其大小相差很大,小到微牛,如电火箭发动机;大到十几兆牛,如美国航天飞机的固体火箭助推器。

箭体用来安装和连接火箭各个系统,并容纳推进剂。箭体除要求具有良好的空气动力外形外,还要求在既定功能不变的前提下,质量越轻越好,体积越小越好。在起飞质量一定时,结构质量轻,则可获得较大的飞行速度或射程。

运载火箭的有效载荷有人造卫星、飞船或空间探测器等航天器。火箭武器的有效载荷就是战斗部(弹头)。

为成功地发射火箭,还必须有地面发射设备和发射设施。地面发射设备有大有小。小的可手提肩扛,如便携式防空火箭和反坦克火箭的发射筒(架);大的如卫星运载火箭,则需有固定的发射场和庞大的发射设施,以及飞行跟踪测控台站等。

早期的火箭武器,发射出去之后都不再进行控制。这种称为火箭弹的无控火箭武器,其命中目标的精度差,作战效率不高,发挥的威力有限。随着战争的需要,迫切要求提高武器的命中精度,于是一种在火箭上装有控制设备以控制其飞行的武器应运而生。这种武器称为"导弹"。德国是最早研制导弹的国家。1931 年 5 月,德国科学家赫尔曼·奥伯特领导的宇宙航行协会试验成功了欧洲的第一枚液体火箭。到了 1932 年,德国军方在参观该协会研制的液体火箭发射试验之后,意识到火箭武器在未来战争中具有的巨大潜力,便开始组织一批科学家和工程技术人员,集中力量秘密研制火箭武器,采用火箭发动机作为动力装置。

由于最早出现的一些导弹是用火箭来推进的,所以有人就把它称为火箭,因此火箭与导弹这两个名词有时混为一谈。其实这两者在概念上是有差别的:导弹是指依靠自身的动力装置推进,由控制系统控制其飞行并导向目标的一种武器;而火箭则是一种依靠火箭发动机产生的反作用力推进的飞行器。

一枚导弹由两个主要部分组成:一是战斗部,二是运载器。真正直接用来作战的是战斗部。有些导弹的战斗部安排在导弹的最前端,称为弹头。战斗部内装的可以是炸药,也可以是核武器、化学武器或其他装置。运载器则是用来把战斗部送向目标的一种可控制的飞行器,由结构系统、动力装置系统和控制系统等组成。运载器可以是有控的火箭,也可以是其他类型的飞行器。弹道式导弹都用有控火箭作运载器,而在大气层内飞行的巡航导弹,其运载器则是一种用空气喷气发动机(涡轮喷气发动机或冲压喷气发动机)作动力装置,类似无人驾驶飞机一类的飞行器。

1.4 飞机的研制过程

飞机是一个复杂的工程系统,具有研制周期长、费用高等特点。一种新飞机的投入使用,必然要经历一定的过程。1995 年,总参谋部、国防科工委、国家计委、财政部发布了《常规武器装备研制程序》,规定了新飞机研制的 5 个阶段:论证阶段、方案阶段、工程研制阶段、设计定型阶段和生产定型阶段(见图 1-8)。

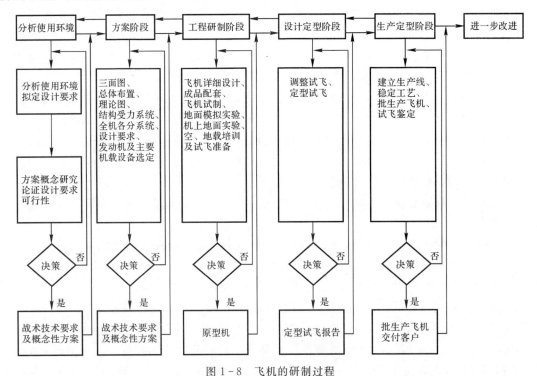

图 1-8 飞机的研制过程

1.4.1 论证阶段

论证阶段主要是研究新飞机设计的可行性,包括技术可行性和经济可行性。

论证阶段的主要工作内容包括:拟定新飞机的战术技术要求,新飞机的总体技术方案以及研制经费、保障条件和对研制周期的预测等,最后形成《×型飞机研制总要求》(或《×型飞机战术技术要求》)。

新飞机的战术技术要求是由使用部门根据国家的战略方针和未来面临的作战环境,经过分析后对新飞机提出的任务、使命和主要技术特征。工业部门则根据已有的技术储备以及对新技术可行性的预测,拟定出满足使用方需求的新飞机的可能的技术方案。经过对新飞机概念性方案的反复修改和对使用部门提出的初步的战术技术要求,从技术可行性、研制经费、研制周期以及风险度等方面反复磋商后,才能形成正式的《×型飞机研制总要求》。

在这一阶段,为了验证技术方案的可行性,必要时还要对所用的关键新技术进行试验验证(如气动布局方案的风洞实验),以使方案的可行性论证有坚实的技术基础。

1.4.2　方案阶段

方案阶段主要是根据批准的《×型飞机研制总要求》(或《×型飞机战术技术要求》)设计出可行的飞机总体技术方案。

方案阶段的主要工作内容有:确定飞机布局形式、总体设计参数,选定动力装置、各主要系统方案及其主要设备,确定机体主要结构材料和工艺分离面等;形成飞机的总体布置图、三面图、结构受力系统图,进行重心定位、性能和操控特性分析、结构强度和刚度分析,提出对各分系统的技术要求;最终要制造出全尺寸的样机或绘制电子样机,进行人机接口、主要设备和通路布置的协调检查以及使用维护检查;样机在经过使用部门,特别是经空、地勤人员审查通过后,可以冻结新飞机的总体技术方案,开始转入工程研制阶段。

在方案阶段,必须做方案验证性的风洞试验、结构和系统原理试验,使所有验证计算都建立在可靠的技术基础上。在确定总体技术方案的同时,也要对技术方案在经济和进度上做进一步分析和确定。

1.4.3　工程研制阶段

工程研制阶段就是根据方案阶段确定的飞机总体技术方案,进行飞机的详细设计、试制、地面试验和试飞准备等。

在工程研制阶段,设计人员进行部件和零构件详细设计;工艺人员制定飞机制造工艺总方案,并对详细设计的零、部件图纸进行工艺性审查;各分系统要陆续提交设计部门进行分系统的验证,对液压、燃油、飞控、空调、电源和航空电子等分系统做全系统的地面模拟试验;在详细设计过程中,可能还会对总体技术方案的细节做一些修改和调整,应根据设计更改后的方案,做全机模型的风洞校核试验,为试飞提供准确的气动力数据,然后做有飞行员参加的地面模拟器的飞行模拟试验;飞机部件及整机要做静力试验,以验证飞机的强度,起落架还要做落震等试验。

飞机总装完成后,在试飞前要做全机地面共振试验,以确定飞机的颤振特性;还要做各系统及其综合的机上地面试验以及全机电磁兼容性等机上地面试验,为放飞前做最后的验证。

飞机在工程研制阶段,即应拟定考核其能否满足原定战术技术要求的试飞大纲,并且应尽早培训空、地勤人员;最好在方案设计阶段就让他们参与进来,以熟悉新飞机的设计思想和特性,便于正确使用和处理新飞机在试飞中可能出现的问题;同时,还应在该飞机的地面飞行模拟台进行重要飞行状态的飞行模拟试验,提前发现飞行品质问题,熟悉飞机的操纵性、稳定性和使用特点。

在放飞前,还应进行充分的地面滑行试验,以进一步验证在动态过程中机上各系统的工作情况,同时进一步对试飞测试系统进行检验。

工程研制阶段的最终成果是试制出供地面和飞行试验用的原型机 4~10 架,并制定试飞大纲和准备好空、地勤人员使用原型机所需的技术文件,具有进行试飞所必需的外场保障设备。

1.4.4 设计定型阶段

新飞机首飞成功后,即应按试飞大纲要求进行定型试飞。

在开始定型试飞前,应由研制单位负责,进行调整试飞(工厂试飞),以排除新飞机的一些初始性的重大故障。调整试飞大致要飞到原设计飞行范围的 80%,再开始正式的国家鉴定试飞,以检查新飞机能否达到设计要求。参与鉴定试飞用的原型机可按不同分工完成各自的试飞任务,以完成定型试飞大纲规定的所有任务。

在做调整试飞过程中,新飞机肯定会出现各种故障,必要时应对飞机作局部的修改。

在定型试飞过程中还会有故障,当然比调整试飞中出现的要少得多,而且更改大多是机内系统,涉及飞机外形的改动极少。

定型试飞通常需要上千个起落。试飞科目全部完成后,由试飞鉴定部门和试飞员写出正式报告,上报国家航空产品定型委员会,经批准后方可进行小批量生产。

一般情况下,到了设计定型阶段,飞机是不允许做大的更改的。

1.4.5 生产定型阶段

经过设计定型后,新飞机可能还会有一定的更改,特别是工艺性的改进。改进后的飞机即可进入小批量生产。

首批生产的飞机也应经鉴定试飞,主要检查工艺质量,通过后即可进入成批生产。

首批生产的飞机,在大量使用中还会出现新的问题,积累到一定程度,可再进行一次改进。改进飞机的设计属于另一循环。

当今作战飞机往往有 20~30 年、4 000~6 000 飞行小时的寿命,运输机有 20~30 年、40 000~60 000 飞行小时的寿命。在其整个寿命期内,机上设备和发动机的更换是必然的,这往往称为寿命中期改进。

以上介绍的是军用飞机的一般研制过程。至于民用飞机的研制,大体上也要经历这样的过程。

1.5 总 结

本章介绍了常见飞行器的种类及其特性,重点是航空器的分类,这是后面课程的总纲,后面的知识都是围绕这些航空器来讲述的。本章还介绍了飞机的研制过程,研制过程中各个阶段的主要任务。本章内容是学习后面章节内容的基础,学生需要了解这些飞行器飞行的特性以及飞行的空域范围。

1.6　课 后 习 题

一、选择题

1.以下不属于航空器的是(　　)。

A. 歼-20　　　　　　　B. 热气球　　　　　　C. 导弹　　　　　　D. 风筝

2.关于航空器叙述错误的是(　　)。

A. 重于空气的飞行器　　　　　　　　B. 在大气层内飞行的飞行器

C. 可控飞行的飞行器　　　　　　　　D. 可产生大于自身重力的升力

3.下列选项是无人航天器的是(　　)。

A. 空间探测器　　　　B. 空间站　　　　　　C. 载人飞船　　　　D. 航天飞机

4.下列选项对现代火箭的描述不正确的是(　　)。

A. 利用产生的反作用力向前运动的　　　B. 仅在大气层外飞行

C. 不依赖空气中的氧助燃　　　　　　　D. 可作为快速远距离运输工具

5.下列选项中属于直升机与多旋翼飞行器的相同点的是(　　)。

A. 靠自动倾斜盘控制飞行姿态　　　　　B. 靠旋翼的相对转速控制飞行姿态

C. 靠旋翼旋转提供升力　　　　　　　　D. 可滑跑起飞或降落

6.关于多旋翼飞行器叙述错误的是(　　)。

A. 旋翼对称分布在机体的前、后、左、右四个方向

B. 每个旋翼的结构和半径都相同

C. 一种三自由度的垂直起降机

D. 适合静态和准静态条件下飞行

7.飞机研制的论证阶段主要工作是(　　)。

A. 研究新飞机设计的可行性　　　　　　B. 确定飞机布局形式、总体设计参数

C. 确定飞机的总体技术方案　　　　　　D. 确定机体主要结构材料

8.设计人员进行部件和零构件详细设计是在飞机研制的(　　)。

A. 论证阶段　　　　B. 方案阶段　　　　C. 工程研制阶段　　　D. 设计定型阶段

9.作战飞机的寿命为(　　)。

A.5～10 年　　　　B.10～15 年　　　　C.15～20 年　　　　D.20～30 年

10.世界上第一个航天器是(　　)。

A. 人造地球卫星 1 号　　B. 阿波罗 11 号　　C. 哥伦比亚号　　　D. 天宫 1 号

二、简答题

1.简述四旋翼无人机的结构形式。

2.简述飞机的研制过程。

第2章 低速空气动力学基础

2.1 课前预习

📖 **在书中找到答案**

(1)大气的基本性质。

(2)连续性定理和伯努利定理的作用。

(3)流场的概念。

(4)翼型的种类及特征。

(5)翼型的几何参数包括哪些?

(6)升力和阻力形成的原理。

2.2 低速空气动力学概述

流体包括液体和气体,空气动力学是流体力学的重要分支。空气动力学研究的对象分为高速空气动力学和低速空气动力学,本章主要学习的是气流速度远小于声速的低速空气动力学基础知识。低速空气动力学主要应用在声速飞机设计、民用建筑、车间空气调节等方面。

本章所讲内容:

(1)大气的基本性质;

(2)大气的基本特性;

(3)飞机升力阻力的形成原因;

(4)改变机翼的翼型或增加增升装置达到飞机的最佳空气动力;

(5)翼型与空气动力的关系。

2.3 大气的基本性质

2.3.1 大气飞行环境

飞行器在大气层内飞行时所处的环境条件,称为大气飞行环境。

包围地球的空气层(即大气)是航空器的唯一飞行活动环境,也是导弹和航天器的重要飞行环境。大气层无明显的上限,它的各种特性在铅垂方向上的差异非常明显,例如空气密度和压强随高度增加而很快减小。在 10 km 高度,空气密度只相当于海平面的 1/3,压强约为海平面的 1/4；在 100 km 高度，空气密度只有海平面的 0.000 04％，压强只有海平面的0.000 03％。

以大气中温度随高度的分布为主要依据，可将大气层划分为对流层、平流层、中间层、热层和散逸层(外大气层)等 5 个层次。航空器的大气飞行环境是对流层和平流层。大气层对飞行有很大影响，恶劣的天气条件会危及飞行安全，大气属性(温度、压力、湿度、风向和风速等)对飞行性能和飞行航迹也会产生不同程度的影响。

1. 对流层

对流层是地球大气中最低的一层。对流层中气温随高度增加而降低，空气的对流运动极为明显，空气温度和湿度的水平分布也很不均匀。对流层的厚度随纬度和季节变化，一般低纬度地区平均为 16～18 km，中纬度地区平均为 10～12 km，高纬度地区平均为 8～9 km。就季节而言，中国绝大部分地区一般都是夏季对流层厚，冬季对流层薄。对流层集中了全部大气约 3/4 的质量和几乎全部的水汽，是天气变化最复杂的层次，也是对飞行影响最重要的层次。飞行中所遇到的各种重要天气现象几乎都出现在这一层中，如雷暴、浓雾、低云幕、雨、雪、大气湍流和风切变等。在对流层内，按气流和天气现象分布的特点，又可分为下层、中层和上层 3 个层次。

(1)对流层下层。对流层下层又称摩擦层。它的范围自地面到 1～2 km 高度，但在各地的实际高度又与地表性质、季节等因素有关。一般来说，其高度在粗糙地表上高于在平整地表上，夏季高于冬季(北半球)，白天高于夜间。在下层中，气流受地面摩擦作用很大，风速通常随高度增加而增大。在复杂的地形和恶劣天气条件下，常存在剧烈的气流扰动，威胁着飞行安全。突发的下冲气流和强烈的低空风切变常会引起飞机失事。另外，充沛的水汽和尘埃往往导致浓雾和其他减小能见度的现象，对飞机的起飞和着陆构成严重的障碍。为了确保飞行安全，每个机场都规定有各类飞机的起降气象条件。另外，对流层下层中气温的日变化极为明显，昼夜温差可达 10～40℃。

(2)对流层中层。它的底界即摩擦层顶，上界高度约为 6 km，这一层受地表的影响远小于摩擦层。大气中云和降水现象大都发生在这一层内。这一层的上部，气压通常只及地面的一半，在这里飞行时需要增压和供氧。一般轻型运输机、直升机等常在这一层中飞行。

(3)对流层上层。它的范围从 6 km 高度伸展到对流层的顶部。这一层的气温常年都在 0℃以下，水汽含量很少，各种云都由冰晶或过冷却水滴组成。在中纬度和副热带地区，这一层中常有风速等于或大于 30 m/s 的强风带，即所谓的高空急流。飞机在急流附近飞行时，往往会遇到强烈颠簸，导致乘员不适，甚至飞机结构遭到破坏和飞行安全受到威胁。

此外，在对流层和平流层之间，还有一个厚度为数百米到 1～2 km 的过渡层，称为对流层顶。对流层顶对垂直气流有很大的阻挡作用。上升的水汽、尘粒等多聚集其下，这里的能见度往往较差。

2. 平流层

平流层位于对流层顶之上，顶界伸展到 50～55 km。在平流层内，随着高度的增加气温最初保持不变或微有上升；到 25～30 km 以上，气温升高较快；到了平流层顶，气温升至 270～290 K。平流层的这种气温分布特征与它受地面影响小和存在大量臭氧(臭氧能直接吸收太阳辐射)有关。这一层过去常被称为同温层，实际上指的是平流层的下部。在平流层中，空气的垂直运动远比对流层弱，水汽和尘粒含量也较少，因而气流比较平缓，能见度较佳。对于飞行来说,平流层中气流平稳、空气阻力小是有利的一面,但因空气稀薄,飞行器的稳定性和操纵性恶化,这又是不利的一面。高性能的现代歼击机和侦察机都能在平流层中飞行。随着飞机飞行上限的日益增高和火箭、导弹的发展,对平流层的研究日趋重要。

3. 中间层

中间层从平流层顶 50~55 km 伸展到 80 km 高度。这一层的特点是气温随高度增加而下降,空气有相当强烈的垂直运动。在这一层的顶部,气温可低至 160~190 K。

4. 热层

热层的范围是从中间层顶伸展到约 800 km 高度。这一层的空气密度很小,声波也难以传播。热层的一个特征是气温随高度增加而上升,另一个重要特征是空气处于高度电离状态。热层又在电离层范围内。在电离层中各高度上空气电离的程度是不均匀的,存在着电离强度相对较强的几个层次。有时,在极区常可见到光彩夺目的极光。电离层的变化会影响飞行器的无线电通信。

5. 散逸层

散逸层又称逃逸层、外大气层,是地球大气的最外层,位于热层之上。这里的空气极其稀薄,同时又远离地面,受地球的引力作用较小,因而大气分子不断地向星际空间逃逸。航天器脱离这一层后便进入太空飞行。

2.3.2 大气的物理性质与国际标准大气

1. 大气的物理性质

大气的物理性质包括黏性和压缩性。

大气的黏性,是大气自身相互黏滞或牵扯的特性。从本质上讲,黏性是流体内相邻两层间的内摩擦。大气的黏性很小,不易觉察。把手浸入水中,抽出时就会有水珠黏附在手上,这表明水有黏性;把手浸入甘油或蜂蜜中间,附着的就更多,这表明它们的黏性比水大得多。

表征大气黏性的物理量是大气的动力黏度,也称为黏性系数,用 μ 表示。流体力学计算时,常用运动黏度 $\nu(\nu = \mu/\rho)$。

大气的黏性主要是气体分子做不规则运动的结果,所以大气的黏性和温度有关。温度高,大气分子的不规则运动加剧,大气的黏性大,动力黏度 μ 或运动黏度 ν 的数值大,反之就小。

大气的黏性对飞机飞行的影响主要表现在摩擦阻力上。

大气的压缩性,是指在压力(压强)的作用下或温度改变的情况下,大气的密度和体积随之改变的一种特性。

不同状态的物质,其压缩性不同。液体物质几乎可以看成不可压缩的,而气体则不然,当压强发生变化时,其体积或密度很容易发生变化,故大气应看作可压缩的介质。

当大气流过飞行器表面时,压强会发生变化,密度也会随之改变。但是,当气流的速度低(即低速,一般指气流速度小于 3 倍声速)时,大气压强的变化一般不大,大气密度的变化很小,大气的压缩性对于飞行器的飞行影响很小。所以在低速时,可以认为大气是不可压缩的,即可以认为密度是一个不变的数值,这样就使问题简单多了。但在高速时,就必须考虑大气的压缩性。压缩性的影响,使得大气以低速和高速流过飞行器表面时,其运动参数会有很大的差别,甚至还会发生质的变化。

2. 大气的状态参数和状态方程

大气的状态参数是指大气的密度 ρ、温度 T 和压强 p 等 3 个参数。

大气的密度 ρ 是指大气所占据的空间内，单位体积中的质量，单位是 kg/m^3。

大气的温度 T 是指大气的受热程度，热力学单位是 K。以 K 为单位的绝对温度 T 和以 ℃ 为单位的摄氏温度 t 之间的关系为 $T = t + 273.15$。

大气的压强 p 是指作用在单位面积上且方向垂直于此面积（沿内法线方向）的力，空气动力学中俗称为压力。其单位为 N/m^3 或 Pa。

对于一定量的气体，它的压强 p、密度 ρ 和温度 T 等 3 个参数就可以决定它的状态。它们之间的关系，可以用气体的状态方程表示，即

$$p = \rho R T$$

式中　p—— 压强，Pa；

$\quad\quad \rho$—— 密度，kg/m^3；

$\quad\quad R$—— 气体常数，空气为 287.052 87J/(kg·K)；

$\quad\quad T$—— 温度，K。

3. 国际标准大气

由大气飞行环境可知，大气的密度、温度和压强等项参数随着地理位置、离地面的高度和季节等的变化而变化，因而使飞机上的空气动力和飞行性能随之变化。因此，同一架飞机在不同的地点飞行，所显示的飞行性能是不一样的。就是同一架飞机在同一地点飞行，只要季节或时间不同，所得的飞行性能也会不同；至于不同的飞机，所得的结果就更不同了。这就为比较飞机的飞行性能带来困难。为了适应飞行器设计、试验和分析的需要，由国际权威性机构或组织颁布了一种"模式大气"，它依据实测资料，用简化方式近似地表示大气温度、压力和密度等参数的平均值，这就是国际标准大气。

比较通用的国际标准大气的主要内容包括：

（1）基本假设。大气是静止的，空气是干燥洁净的理想气体，在规定温度随高度的变化规律和海平面的温度、压力和密度初始值，通过对大气静力方程和气体状态方程的积分，获得压力和密度的数据。

（2）海平面大气物理属性等主要参数：海平面温度 $t_0 = 15℃$；海平面绝对温度 $T_0 = 288.15$ K；海平面空气密度 $\rho_0 = 1.225$ kg/m^3，海平面空气压力 $p_0 = 101\ 325$ Pa；海平面声速 $a_0 = 340.294$ m/s；标准重力加速度 $g_0 = 9.806\ 65$ m/s^2；干燥空气的气体常数 $R = 287.052\ 78$ J/(kg·K)。

（3）大气温度随高度变化的计算公式。

（4）大气压力随高度变化的计算公式。

（5）空气密度随高度变化的计算公式。

此外，还有黏性系数、分子碰撞频率和相对分子质量等。根据这些公式计算出来的数据排列成表即为国际标准大气。

国际标准大气的主要数据见表 2-1。

表 2 - 1　国际标准大气简表

H/km	T/K	p/(10⁴ Pa)	ρ/(kg·m⁻³)	a/(m·s⁻¹)	μ/(10⁻¹N·s·m⁻²)
0	288.15	10132 52	1.225 05	340.29	1.789 4
1	281.65	8.987 58	1.111 68	336.43	1.757 8
2	275.15	7.949 56	1.006 46	332.53	1.726 0
3	268.65	7.010 87	0.909 13	328.58	1.693 7
4	262.15	6.164 07	0.810 13	324.58	1.661 1
5	255.65	5.401 99	0.736 12	320.53	1.628 1
6	249.15	4.718 08	0.659 69	316.43	1.594 8
7	242.65	4.106 04	0.859 50	312.27	1.560 9
8	236.15	3.560 01	0.525 17	308.06	1.526 8
9	229.65	3.074 29	0.466 75	303.79	1.492 2
10	223.15	2.643 58	0.412 70	299.46	1.457 1
11	216.65	2.263 18	0.363 91	295.07	1.421 6
12	216.65	1.933 09	0.310 03	295.07	1.421 6
13	216.65	1.651 05	0.265 49	295.07	1.421 6
14	216.65	1.410 20	0.226 75	295.07	1.421 6
15	216.65	1.204 45	0.193 67	295.07	1.421 6
16	216.65	1.028 72	0.165 42	295.07	1.421 6
17	216.65	0.878 67	0.141 28	295.07	1.421 6
18	216.65	0.750 48	0.120 68	295.07	1.421 6
19	216.65	0.641 00	0.103 07	295.07	1.421 6
20	216.65	0.547 49	0.088 03	295.07	1.421 6
21	217.65	0.467 79	0.074 87	295.75	1.427 1
22	218.65	0.399 97	0.63 73	296.43	1.432 6
23	219.65	0.342 24	0.054 28	297.11	1.438 1
24	220.65	0.293 05	0.046 27	297.78	1.443 5
25	221.65	0.251 10	0.039 46	298.46	1.449 0
26	222.65	0.213 31	0.033 69	299.80	1.459 8
27	223.65	0.184 74	0.028 78	299.80	1.459 8
28	224.65	0.158 63	0.021 04	301.14	1.470 6
29	225.65	0.136 29	0.021 04	301.14	1.470 6
30	226.65	0.117 19	0.018 01	301.80	1.476 0
31	227.65	0.100 82	0.015 48	302.47	1.481 4
32	228.65	0.086 80	0.013 23	303.13	1.486 8

2.4　流场的基本概念

2.4.1　流场的概念

1.大气的连续性假设

大气是由分子构成的,在标准状态下(即在气体温度 15℃、一个大气压的海平面上),每 1 mm³ 的空间里含有 2.7×10¹⁶ 个分子。大气分子的平均自由行程很小,大约为 6×10⁻⁶ cm。当飞行器在这种大气介质中运动时,由于飞行器的外形尺寸远远大于大气分子的平均自由程,所以在研究飞行器和大气之间的相对运动时,大气分子之间的距离完全可以忽略不计,即把空气看成连续的介质。这就是空气动力学研究中常说的连续性假设。

随着高度的增加,大气的密度越来越小,大气分子的自由行程越来越大。当大气分子的平均自由程与飞行器的尺度相当或大于飞行器的尺度时,大气就不能被看成连续介质了。

2.流场

我们把流体所占据的空间称为流场。

用以表征流体特性的物理量如速度、温度、压强和密度等,称为流体的运动参数。因此,流场又是分布上述运动参数的场。

3.定常流动与非定常流动

根据运动参数随时间的变化,可以将流动分为定常流动与非定常流动。

流场中任一固定点的任一个流动参数(如速度、压强、密度等)随时间而变化的流动称为非定常流动。流场中任一固定点的所有流动参数都不随时间而变化的流动称为定常流动。

有些非定常流动可以通过适当选择参考坐标系而变为定常流动,因而不能看成是真正的非定常流动。以飞机在静止空气中等速飞行的情况为例,在固连于地面的参考坐标系中,空气的流动是非定常流动;在固连于飞机的参考坐标系中,空气的流动是定常的。只有在飞机速度随时间变化的情况下,对飞机的绕流才是真正的非定常流动。

严格来讲,定常运动是不存在的。例如对于飞机而言,即使飞行速度和高度保持不变,但随着燃油的消耗,飞机质量在不断减小,因而迎角(飞机的姿态参数之一)也要变化。但是,如果飞机运动参数随时间变化十分缓慢,则至少在一段时间内可近似认为运动参数不变,这就是通常所说的"准定常运动"。

4.迹线

迹线是流体质点的运动轨迹。在流场中对某一质点做标记,将其在不同时刻所在的位置连成线就是该流体质点的迹线。

迹线是流场中实际存在的线。喷气式飞机喷出的白烟,在天空中画出的线就是迹线。迹线具有持续性,随时间的增长,迹线不断延伸。在定常流动中通过某一固定点的迹线只有一条,但在非定常流场中,通过同一点的迹线可以有多条,不同时刻经过该点的流体质点可以走不同的轨迹。

5.流线

流线是流场中某一瞬时的一条空间曲线,在该线上各点的流体质点所具有的速度方向与曲线在该点的切线方向重合[见图 2-1(a)]。

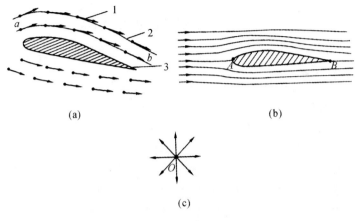

图 2-1　流线与流线谱

1—流速；　2—流线；　3—翼剖面

流线具有以下特征：

非定常流动时,由于流场中速度随时间改变,经过同一点的流线的空间方位和形状是随时间改变的。

定常流动时,由于流场中各点流速不随时间改变,所以同一点的流线始终保持不变,且流线与迹线(流场中流体质点在一段时间内运动的轨迹线)重合。

流线不能相交也不能折转。因为空间每一点只能有一个速度方向,所以不能有两条流线同时通过同一点。但有 3 种情况例外:在速度为零的点上,如图 2-1(b)中的点 A,通常称点 A 为驻点;在速度为无限大的点上,如图 2-1(c)中的点 O,通常称它为奇点;流线相切,如图 2-1(b)中的点 B,上、下两股速度不等的流体在点 B 相切。

流场中的每一点都有流线通过。由这些流线构成流场的总体称为流线谱,简称流谱[见图2-1(b)]。

6.流管和流束

在流场中画一封闭曲线,在该曲线上每一点作流线,由这许多流线所围成的管状曲面称为流管,如图 2-2 所示。

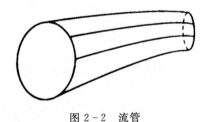

图 2-2　流管

由于流管表面是由流线所围成的,而流线不能相交,所以流体不能穿出或穿入流管表面。这样,流管就好像刚体管壁一样把流体运动局限在流管之内或流管之外。在稳定流时流管好像真实管子一样。

充满在流管内的流体,称为流束。

2.4.2　运动的转换

当飞机在原来静止的空气中做等速直线飞行时,将引起周围空气的运动,同时空气将给飞机以作用力。研究这种空气运动的规律和作用力是空气动力学所面临的任务之一。这里有两种坐标系可以使用:一种是采用静止坐标系——坐标系固连于地球上,直接将牛顿定律用于空气对物体的相互作用;另一种是采用动坐标系——坐标系固连于等速飞行的飞机上,也就是在飞机上看空气的运动及其对物体的作用力。而用这两种坐标系求得物体所受的力是完全相同的。这就是运动的转换原理,它是根据伽利略的相对运动原理而建立的。

相对运动原理,即如果在一个运动物体系上附加上一个任意的等速直线运动,则此附加的等速直线运动并不破坏原来运动的物体系中各物体之间的相对运动,也不改变各物体所受的力。

利用运动的转换原理,使问题的研究大为简化。设物体以速度 v 在静止空气中运动[见图 2-3(a)],根据相对原理,可以给物体系(物体与周围空气)加上一个与速度 v 大小相等、方向相反的速度。这样得到的运动,与物体静止不动,无穷远处气流以速度 v 流向物体的情况[见图 2-3(b)],空气作用在物体上的力是完全相同的,这就是运动的转换原理。也就是说,空气作用在物体上的力,并不取决于空气或物体的绝对速度,而取决于二者之间的相对运动。

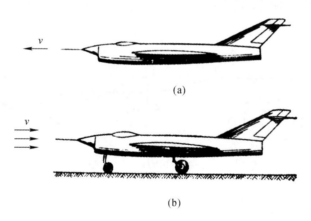

图 2-3　相对运动的转换——可逆性原理

(a)空气静止,飞机运动；　(b)飞机静止,空气运动

2.5　低速流动的基本规律

低速流动时,对于空气而言,可以近似认为是不可压缩的,即密度保持不变。本节主要研究低速流动时,流体的压强、密度、速度以及流管面积之间相互变化的关系。

2.5.1　连续性定理

为了说明该原理,先从一些生活经验谈起。我们在河岸上可以看到,在河道宽而深的地方,河水流得比较慢;而在河道窄而浅的地方,河水流得比较快。夏天乘凉时,我们总喜欢坐在两个房屋之间的过道中,因为那里常有"穿堂风"。在山区可以看到山谷中的风经常比平原开阔的地方来得大。这些现象都是流体连续性定理在自然界中的表现。下面推导连续性定理。

质量守恒定律是自然界基本的定律之一。它说明物质既不会消失，也不会凭空增加。如果把这个定律应用在流体的流动上，就可以得出这样的结论：当流体低速、稳定、连续不断地流动时，流管里的任一部分，流体都不能中断或积聚，在同一时间内，流进任何一个截面的流体质量和从另一个截面流出的流体质量应当相等。

如图 2-4 所示，设截面 Ⅰ 的面积为 A_1，气流速度为 v_1，空气密度为 ρ_1，则单位时间内流进该截面的气体质量为

$$m_1 = \rho_1 v_1 A_1$$

同理，设截面 Ⅱ 的面积为 A_2，气流速度为 v_2，空气密度为 ρ_2，则单位时间内流出该截面的气体质量为

$$m_2 = \rho_2 v_2 A_2$$

根据质量守恒定律，$m_1 = m_2$，即

$$\rho_1 v_1 A_1 = \rho_2 v_2 A_2$$

由于截面 Ⅰ 和截面 Ⅱ 是任意选取的，所以可以认为，单位时间内流过任何截面的气体质量都是相等的，故得

$$\rho v A = 常数 \tag{2-1}$$

式中　v—— 流管截面上的气流速度，m/s；

　　　A—— 所取截面的面积，m^2。

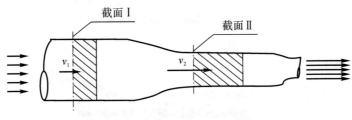

图 2-4　流体连续原理 —— 质量守恒

如果在流动过程中，气体密度不变，即 $\rho_1 = \rho_2 = \rho$，则方程式（2-1）可简化为

$$v A = 常数 \tag{2-2}$$

式（2-1）或式（2-2）称为连续方程。进一步可写成

$$\frac{v_1}{v_2} = \frac{A_2}{A_1}$$

它说明了气流流动速度和流管截面积之间的关系。由此可以看出，当低速定常流动时，气流速度的大小与流管的截面积成反比，这就是连续性定理。也可以粗略地说，截面积小的地方流速快，而截面积大的地方则流速慢。

流体流动速度的快慢，可用流管中流线的疏密程度来表示，如图 2-5 所示。流线密的地方，表示流管细，流体流速快，反之就慢。

需要指出的是，连续性定理只适应于低速（流速 $v < 0.3a$，a 为声速）的范围，即认为密度不变，不适于亚声速，更不适于超声速。

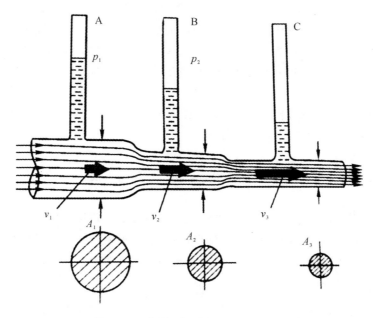

图 2-5　容器和管道中的流体的流动

2.5.2　伯努利定理

在日常生活中,我们会观察到一些在流体的速度发生变化时,压力也跟着变化的情况。例如,在两张纸片中间吹气,两张纸不是分开,而是相互靠近;两条船在水中并行,也会互相靠拢;当台风吹过房屋时,往往会把屋顶掀掉;等等。

能量守恒定律是自然界另一个基本定律。它告诉我们,能量不会自行消灭,也不会凭空产生,而只能从一种形式转化为另一种形式。伯努利定理便是能量守恒定律在空气动力学中的具体应用。

伯努利定理的具体推导过程比较复杂,涉及的物理概念也较多,在此不作推导,只给出伯努利定理的结论(见图 2-5),即

$$p_1 + \frac{1}{2}\rho v_1^2 = p_2 + \frac{1}{2}\rho v_2^2 = p_0 \tag{2-3}$$

式中　p_1 —— 截面 I 的静压;

$\quad\quad p_2$ —— 截面 II 的静压;

$\quad\quad \frac{1}{2}\rho v^2$ —— 动压(也称速压);

$\quad\quad p_0$ —— 总压。

所谓静压,即气流流动时作用于管壁的压强。动压为气体流动时由流速产生的附加压强,或者说是单位体积流体所携带的动能,它并不作用于管壁上。总压是速度等于零时的静压。

从式(2-3)可知,在低速定常流动时,流场中的任一点,气体的静压与动压之和为一常量,且等于其总压,这就是伯努利定理。也可以粗略地说,低速定常流动时,流速小的地方压强大,而流速大的地方压强小。

同连续性定理一样,伯努利定理的应用也是有条件的,它只适用于低速,即认为密度不变,

不适用于高速,并且要求流场中的气体不与外界发生能量交换。

连续性定理和伯努利定理是气体动力学中两个最基本的定理,它们说明了流管截面积、气流速度和压力这三者之间的关系。综合这两个定理,可以得出如下结论:低速定常流动的气体,流过的截面积大的地方,速度小,压强大;而截面积小的地方,流速大,压强小。这一结论解释机翼上空气动力产生的根据。

再次强调的是,在这里得出的连续性定理和伯努利定理只适用于低速,即气流不可压缩(即密度不变化)的流动情况,不能推广到高速。

2.6　翼型及其气动特性

当飞机在空中飞行时,作用在飞机上的空气动力主要是由机翼产生;而机翼上的空气动力的大小和方向,在很大程度上又决定于机翼的剖面形状(即翼型)、平面形状和前视形状。因此,在介绍作用在飞机上的空气动力之前,首先介绍机翼的剖面形状(即翼型)的几何特性和气动特性。

2.6.1　翼型的几何参数

飞机机翼、尾翼,导弹翼面,直升机旋翼叶片和螺旋桨叶片上平行于飞行器对称面或垂直于前缘的剖面形状,称为翼型,又称为翼剖面,如图 2-6 所示。

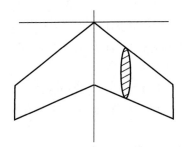

图 2-6　机翼上的翼剖面

翼型具有各种不同的形状,如图 2-7 所示。图 2-7(a)是平板剖面,它的空气动力特性不好。后来人们在飞行实践的过程中,发现把翼剖面做成像鸟翼那样的弯拱形状——薄的单凸翼剖面[见图 2-7(b)],对升力特性有改进。随着飞机的发展,人们认识到加大剖面的厚度,也会改善升力特性,因而就有了凹凸形翼剖面[见图 2-7(c)]。这种翼剖面的升力特性虽然较好,但阻力特性却不好,只适用于速度很低的飞机上。另外,因为后部很薄而弯曲,在构造方面不利,目前已很少应用。至于平凸形翼剖面[见图 2-7(d)],在构造上和加工上比较方便,同时空气动力特性也不错,所以目前在某些低速飞机上还有应用。不对称的双凸形翼剖面[见图 2-7(e)]的升力和阻力特性都较好,在构造方面也有利,所以广泛应用在活塞发动机的飞机上。图 2-7(f)中是 S 形翼剖面,这种翼剖面的中线呈 S 形,它的特点是尾部稍稍向上翘,使得压力中心不会前后移动。对称的双凸形翼剖面[见图 2-7(g)],通常用于各种飞机的尾翼面上。如图 2-7(h)所示是所谓"层流翼剖面",它的特点是压强分布的最低压强点(即最大负压强)位于翼剖面靠后的部分,可减低阻力,这种翼剖面常用于速度较高的飞机上。菱形[见图

2－7(i)]和双弧形［见图 2－7(j)]翼剖面常用在超声速飞机上,它们的特点是前端很尖,相对厚度很小,也就是很薄,超声速飞行时阻力很小,比较有利,然而它在低速时的升力和阻力特性不好,使飞机的起落性能变坏。

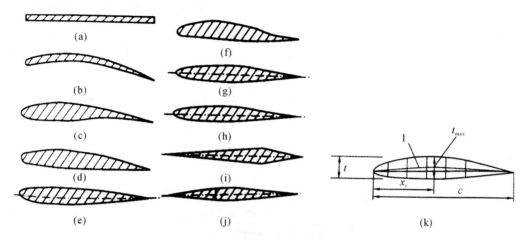

图 2－7　不同的翼型和翼型的几何参数

1— 中线；　c— 翼弦长度；　t_{max}— 翼剖面最大厚度

确定翼型的主要几何参数有弦长、相对厚度、最大厚度位置和相对弯度［见图 2－7(k)]。

(1) 弦长。连接翼型前缘(翼型最前面的点)和后缘(翼型最后面的点)的直线段称为翼弦(也称为弦线),其长度称为弦长,用 c 表示。

(2) 相对厚度。翼型的厚度是垂直于翼弦的翼型上、下表面之间的直线段长度。翼型最大厚度 t_{max} 与弦长 c 之比,称为翼型的相对厚度 t/c 或 $\bar{t}$,并常用百分数表示,即

$$\bar{t}=t/c=\frac{t_{max}}{c}\times100\%$$

低速飞机机翼的相对厚度为 $12\%\sim18\%$,亚声速飞机机翼的相对厚度为 $10\%\sim15\%$,超声速飞机机翼的相对厚度为 $3\%\sim5\%$。

(3) 最大厚度位置。翼型最大厚度到前缘的距离 x_t 称为最大厚度位置,通常也用弦长的百分数表示,即

$$\bar{x}=\frac{x_t}{c}\times100\%$$

现代飞机翼型的最大厚度位置为 $30\%\sim50\%$。

(4) 相对弯度。翼型弯度是指翼型中线的弯度,而翼型中线是各翼型厚度中点的连线。翼型中线与翼弦之间的垂直距离,称为翼型的弯度 f。最大弯度与弦长的比值,称为相对弯度 $\bar{f}$,通常用百分数表示,即

$$\bar{f}=\frac{f_{max}}{c}\times100\%$$

翼型的相对弯度说明翼型上、下表面外凸程度的差别。相对弯度越大,翼型上、下表面弯曲程度相差也越大;如果 $\bar{f}=0$,则中线和翼弦重合,翼型将是对称的。现代飞机翼型的相对弯度为 $0\sim2\%$。

2.6.2 翼型的升力和阻力

1. 迎角的概念

相对气流方向与翼弦之间的夹角,称为迎角(见图 2-8),用 α 表示。根据气流指向不同,迎角可分为正迎角、负迎角和零迎角。当气流指向下翼面时,迎角为正;当气流指向上翼面时,迎角为负;当气流方向与翼弦重合时,迎角为零。

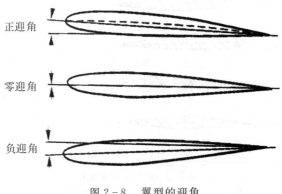

图 2-8　翼型的迎角

2. 升力和阻力的产生

根据已经讨论过的运动的转换原理,可以认为在空中飞行的飞机是不动的,而空气以同样的速度流过飞机。如图 2-9 所示,当气流流过翼型时,由于翼型的上表面凸一些,这里的流线变密,流管变细;相反,翼型的下表面平坦些,这里的流线变化不大(与远前方流线相比)。根据连续性定理和伯努利定理可知,在翼型的上表面,因流管变细即流管截面积减小,气流速度增大,故压强减小;而翼型的下表面,因流管变化不大,故压强基本不变。这样,翼型上、下表面产生了压强差,形成了总空气动力 R,R 的方向向后向上。根据它们实际所起的作用,可把 R 分成两个分力:一个与气流速度 v 垂直,起支托飞机质量的作用,就是升力 L;另一个与流速 v 平行,起阻碍飞机前进的作用,就是阻力 D。此时,产生的阻力除了摩擦阻力外,还有一部分是由于翼型前、后压强不等引起的,称之为压差阻力。总空气动力 R 与翼弦的交点叫作压力中心(见图 2-9),好像整个空气动力都集中在这一点上。

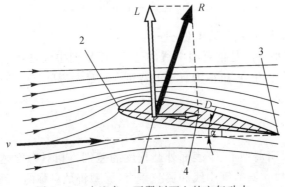

图 2-9　小迎角 α 下翼剖面上的空气动力
1—压力中心；　2—前缘；　3—后缘；　4—翼弦

根据翼型上、下表面各处的压强,可以绘制出翼型的压强分布图(压力分布图),如图 2-10(a) 所示。图中,自表面向外指的箭头代表吸力;指向表面的箭头代表压力。箭头都与表面垂直,其长短表示负压(与吸力对应)或正压(与压力对应)的大小。由图可看出,上表面的吸力占升力的大部分,靠近前缘处稀薄度最大,即这里的吸力最大。

由图 2-10(b) 可见,机翼的压强分布与迎角有关。当迎角为零时,上、下表面虽然都受到吸力,但总的空气动力合力 R 并不等于零。随着迎角的增加,上表面吸力逐渐变大,下表面由吸力变为压力,于是空气动力合力 R 迅速上升,与此同时,翼型上表面后缘的涡流区也逐渐扩大。在一定迎角范围内,R 是随着迎角 α 的增加而上升的。但当 α 大到某一程度时,再增加迎角,升力不但不增加反而迅速下降,这种现象叫作失速。失速对应的迎角就叫作临界迎角(α_{cr})或失速迎角(见图 2-11)。

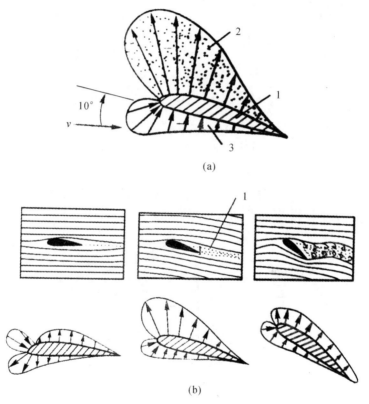

图 2-10　翼型的压强分布图(压力分布图)

(a)翼型上的压力分布;　(b)不同迎角下翼型压力分布图

(a)1—翼型　;2—吸力;　3—压力

(b)1—尾部漩涡

R 随 α 的变化而变化,它在垂直于迎面气流方向上的分力 L —— 升力,也随 α 的变化而变化。为了研究问题方便,采用无因次的升力系数 C_L 来表示升力与迎角的关系,即

$$C_L = \frac{L}{\dfrac{1}{2}\rho v^2 c}$$

升力系数 C_L 随迎角变化的曲线称为升力曲线(见图 2-12)。在一定飞行速度下,在迎角

较小的范围内,升力系数 C_L 随迎角 α 呈线性变化;随着迎角的继续增加,升力曲线逐渐变弯,到临界迎角时,升力系数达到最大值 C_{Lmax};之后再增大迎角,升力系数反而减小。

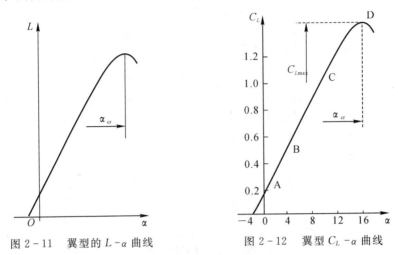

图 2-11　翼型的 L-α 曲线　　　　　图 2-12　翼型 C_L-α 曲线

3. 压差阻力

压差阻力的产生是由于运动着的物体前后所形成的压强差。最明显的例子就是图 2-13 (a)所示的垂直地竖立在气流中的平板。气流流到平板的前面,受到阻拦,速度降低,压强增加,形成高压区(用"+"表示);气流流过平板后,压强降低,形成低压区(用"-"表示),并形成许多漩涡,这就是气流分离。由于板的前面压强大大增加,后面压强减小,前后形成了很大的压强差,所以产生很大的阻力,这种阻力称为压差阻力。

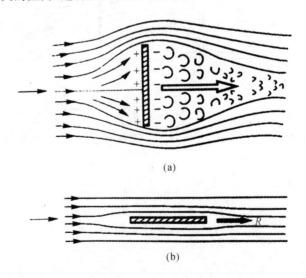

图 2-13　压差阻力

(a)平板与相对气流方向垂直;　(b)平板与相对气流方向平行

压差阻力的大小同物体的迎风面积、形状以及在气流中的位置有关。

所谓迎风面积,就是物体垂直于迎面气流的剖面积,其中最大值就是最大迎风面积,如图

2-14 所示。物体的最大迎风面积越大,压差阻力也越大。

物体的形状对压差阻力也有很大的影响。把一块圆形的平板垂直地放在气流中,其前后会形成很大的压差阻力,平板后面会产生大量的漩涡,造成气流分离。如果在圆形平板前面加上一个近似于圆锥体的旋成体,如图 2-15(a)所示,其迎风面积并没有改变,但形状变了。平板前面的高压区被旋成体填充,气流可以平滑地流过,压强不会急剧升高。虽然此时平板后面仍有气流分离和低压区的存在,但前面的压强却大为减小,因而压差阻力会大大降低。

如果在平板后面再加上一个细长的近似于圆锥体的旋成体,如图 2-15(b)所示,把充满漩涡的低压区也填满,使得物体后面只出现很少的漩涡,其阻力将会进一步降低。

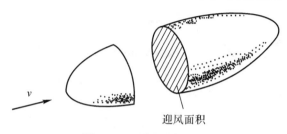

图 2-14　最大迎风面积

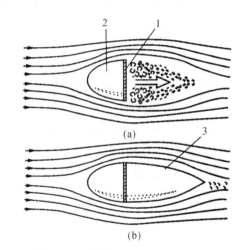

图 2-15　物体形状对压差阻力的影响

1—圆形平板剖面；　2—前部近圆锥体；　3—后部近圆锥体

像这种前端圆钝,后面尖细,像水滴或雨滴似的物体,称为流线形物体,简称流线体。在迎风面积相同的条件下,其压差阻力最小。

物体在气流中的位置也影响压差阻力的大小。一块平板垂直地放在气流中,压差阻力很大;如果平行地放在气流中,压差阻力就很小,如图 2-13 所示。同一个流线体,平行于气流放置和垂直于气流放置,其压差阻力相差也会很大。

物体上的摩擦阻力和压差阻力合起来叫作迎面阻力。一个物体,究竟哪一种阻力(摩擦阻力或压差阻力)占主要部分,这要取决于物体的形状和位置。如果是流线体,那么它的迎面阻力中主要部分是摩擦阻力;如果形状远离流线体的式样,那么压差阻力占主要部分,摩擦阻力则居次要位置,而且总的迎面阻力也较大。翼型的摩擦阻力和压差阻力合起来叫作翼型阻力。

物体的形状和迎面阻力的关系可从图 2-16 看出来。图中的 8 种物体,虽然形状和尺寸各不相同,但是如果它们在空气中以同一速度运动,并且位置如图所示,那么各种物体的迎面阻力是基本相同的。

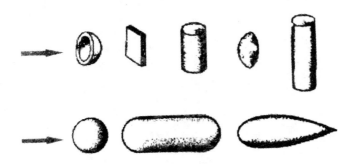

图 2-16　不同形状和尺寸的物体具有相同的阻力

4.附面层与摩擦阻力

由于空气是有黏性的,所以当它流过翼型(无限翼展机翼)时,就会有一层很薄的气流被"黏"在翼型表面上。这个流速受到阻滞的空气流动层就叫作附面层。通常取流速达到 $0.99v_\infty$ 处为附面层边界,翼型表面到该处的距离被认为是附面层的厚度。根据作用和反作用定理,受阻滞的空气必然会给翼型表面一个与飞行方向相反的作用力,这就是摩擦阻力。

附面层中气流的流动情况是不同的(见图 2-17)。一般翼型大约在最大厚度以前,附面层的气流不相混淆而成层地流动,而且底层的速度梯度较小,这部分叫作层流附面层。在这之后,气流的流动转变成杂乱无章,并且出现了旋涡和横向流动,而且贴近翼面的速度梯度也较大,这部分叫作紊流附面层。层流转变为紊流的那一点称为转捩点。在紊流之后,附面层脱离了翼面而形成大量的旋涡,这就是尾迹。一般地,层流附面层的摩擦阻力系数要比紊流附面层的摩擦阻力系数小很多。

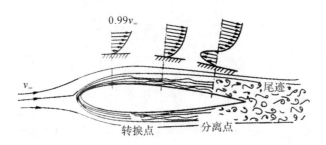

图 2-17　层流附面层和紊流附面层

总的说来,摩擦阻力的大小取决于空气的黏性、翼型的表面光滑程度、层流段和紊流段的长度(或面积)等。

由于层流段的摩擦阻力要比紊流段小,所以为了减小摩擦阻力,就希望尽量延长层流段。选用最大厚度位置靠后的层流翼型,就有可能使转捩点位置后移。但是转捩点的位置不是固定不变的,气流速度、原始紊流度、翼型制造误差及表面粗糙度的增加,都将使转捩点前移而导致摩擦阻力的增加。

2.7　机翼的几何特性及其增升装置

前面分析了翼型的气动特性,而翼型的气动特性和各剖面形状相同的无限展长机翼的气动特性是一样的,即无限展长机翼绕流流场为平行平面场,垂直于翼展方向各剖面的流场完全一样。然而,真实飞机的机翼都是有限展长的,沿展向各剖面的流动是不一样的。本节应用已有翼型气动特性的知识,来分析有限翼展机翼的气动特性。

2.7.1　机翼的几何特性

1.机翼的平面形状参数

基本机翼在机翼基本平面上的投影形状称为机翼的平面形状。基本机翼是指包括穿越机身部分但不包含边条等辅助部件的机翼,其穿越机身部分通常由左右机翼的前缘和后缘的延长线构成,也可以由左右外露机翼根弦的前缘点连线和后缘点的连线构成。机翼基本平面是指垂直于飞机参考面且包含中心弦线(位于飞机参考面上的局部弦线)的平面。所谓飞机参考面就是机体的左右对称面,飞机的主要部件对于此面是左右对称布置的。

按照俯视平面形状的不同,机翼可分为平直翼、后掠/前掠翼和三角翼等 3 种基本类型,如图 2-18 所示。

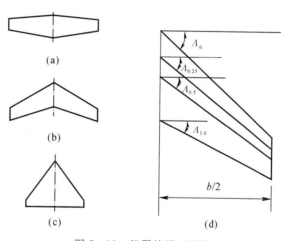

图 2-18　机翼的平面形状

(a)平直翼;　(b)后掠翼;　(c)三角翼;　(d)平面形状参数

表示机翼平面形状的主要参数有机翼面积、翼展、展弦比、梯形比和后掠角等。

(1)机翼面积。基本机翼在机翼基本平面上的投影面积,称为机翼面积,用 S 表示。

(2)翼展。在机翼之外刚好与机翼轮廓线接触,且平行于机翼对称面(通常是飞机参考面)的两个平面之间的距离称为机翼的展长,简称翼展,用 b 表示。

(3)展弦比。机翼翼展的二次方与机翼面积之比,或者机翼翼展与机翼平均几何弦长(机翼面积 S 除以翼展 b)之比,称为机翼的展弦比 A,即

$$A = \frac{b^2}{S}$$

(4)梯形比。机翼翼尖弦长与中心弦长之比,称为机翼的梯形比,又称尖削比,用 λ 表示。

（5）后掠角。描述翼面特征线与参考轴线相对位置的夹角称为后掠角。机翼上有代表性的等百分比弦点连线同垂直于机翼对称面的直弦之间的夹角称为机翼的后掠角，用 Λ 表示。通常 Λ_0 表示前缘后掠角，$\Lambda_{0.25}$ 表示 1/4 弦线后掠角，$\Lambda_{0.5}$ 表示中弦线后掠角，$\Lambda_{1.0}$ 表示后缘后掠角。后掠角表示机翼各剖面在纵向的相对位置，也即表示机翼向后倾斜的程度。后掠角为负表示翼面有前掠角。

如果不特别指明，后掠角通常指 1/4 弦线后掠角。

平直翼的 1/4 弦线后掠角大约在 20°以下，多用于亚声速飞机和部分超声速飞机上；后掠翼 1/4 弦线后掠角大多在 25°以上，用于高亚声速和超声速飞机上；三角翼前缘后掠角约为 60°，后缘基本无后掠，多用于超声速飞机，尤以无尾式飞机采用较多。

2.机翼的安装

（1）上反角。翼面基准（如翼弦平面，与垂直于飞机对称平面的平面之间的夹角，称为机翼的上反角 Γ（见图 2-19）。通常规定上反为正，下反为负。机翼上反角一般不大，通常不超过 10°。

（2）安装角。机翼根弦处的翼型弦线和飞机轴线的夹角叫安装角（见图 2-20），机翼安装角一般为 0°～4°。

以上所述机翼的各几何参数，对机翼的气动特性影响较大，特别是机翼面积、展弦比、梯形比和后掠角等参数对机翼的空气动力特性有重大的影响。如何合理地选择这些参数，以保证获得良好的空气动力特性，仍是飞机设计中的一项重要任务。

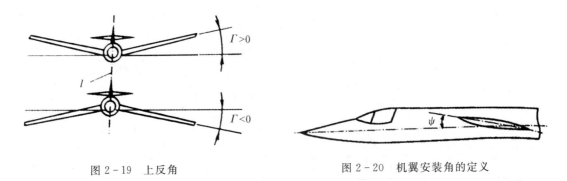

图 2-19　上反角　　　　　　　　　　　图 2-20　机翼安装角的定义

2.7.2　机翼的增升装置

对于一架飞机而言，巡航性能是其主要的设计点，但起飞着陆性能也很重要。一般地，要求飞机在起飞着陆时尽可能降低飞机的飞行速度，以缩短滑跑距离。这就要求飞机在低速时具有高的最大升力系数，因此必须在原有机翼上采取各种措施，提高飞机的最大升力系数。一般采取的措施是加装增升装置。

1.增升装置的种类

增升装置通常根据它们所处机翼上的位置分为前缘增升装置和后缘增升装置。

后缘增升装置有简单襟翼、开裂襟翼、单缝襟翼、富勒襟翼、双缝襟翼和三缝襟翼等，如图 2-21 所示；前缘增升装置有前缘襟翼、机翼前缘下垂、前缘缝翼和克鲁格襟翼等，如图 2-22 所示。

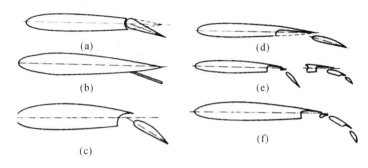

图 2-21　后缘增升装置

(a)简单襟翼；　(b)开裂襟翼；　(c)单缝襟翼；　(d)富勒襟翼；　(e)双缝襟翼；　(f)三缝襟翼

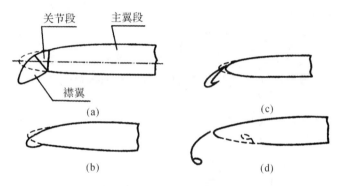

图 2-22　前缘增升装置

(a)前缘襟翼；　(b)机翼前缘下垂；　(c)前缘缝翼；　(d)克鲁格襟翼

2.增升装置的增升机理

增升装置的增升机理主要有以下三方面：

(1)增加机翼的弯度效应。增加机翼的弯度,也即增加了机翼的环量,从而增加了机翼的升力。但增加弯度会产生较大的低头力矩,增加平尾或升降舵的配平负担。

(2)增加机翼的有效面积。大多数增升装置是以增加机翼的基本弦长的方式运动的。在与剖面形状没有改变时相同的名义面积下,其有效机翼的面积增加了。这种情况名义面积不变,相当于增加零迎角升力系数,因而提高了最大升力系数。

(3)改善缝道的流动品质。通过改善翼段之间缝道的流动品质,改善翼面上的边界层状态,来增强翼面边界层承受逆压梯度的能力,延迟分离,提高失速迎角,增大最大升力系数。

2.8　总　　结

本章学习了低速空气动力学基础部分的知识,首先介绍了大气的基本性质以及国际标准大气对空气动力学的作用;接着学习了低速空气动力学的研究基础——流场,以及气流运动的转换;然后,开始学习气流低速流动的基本规律,主要从气流的连续性定理和伯努利定理讲述了低速流动的规律,最后讲述了飞机主要的升力产生装置——机翼的特性、各项参数以及相应的增升装置。

低速空气动力学是研究民用轻小型无人机的基础,需要掌握这方面的知识,为后期的无人机设计提供理论基础。

2.9 课 后 习 题

一、选择题

1.大气层中天气变化最复杂的是(　　　)。

A.热层　　　　　　　B.中间层　　　　　　　C.对流层　　　　　　　D.平流层

2.下列描述不是对流层的特征的是(　　　)。

A.气温随高度增加而降低　　　　　　　B. 空气的对流运动极为明显

C.厚度随纬度和季节变化　　　　　　　D.存在大量臭氧

3.下列选项不属于大气的状态参数的是(　　　)。

A.密度　　　　　　　B.湿度　　　　　　　C.温度　　　　　　　D.压强

4.连续性定理和伯努利定理说明了流管截面积、气流速度和(　　　)三者之间的关系。

A.气压　　　　　　　B.密度　　　　　　　C.温度　　　　　　　D.湿度

5.确定翼型的主要几何参数有(　　　)。

A.弦长　　　　　　　B.相对厚度　　　　　　　C.最大厚度　　　　　　　D.相对弯度

6.迎角可分为(　　　)。

A.零迎角　　　　　　　B.正迎角　　　　　　　C.侧迎角　　　　　　　D.负迎角

7.机翼的压强分布与(　　　)有关。

A.翼型　　　　　　　B.迎角　　　　　　　C.弦长　　　　　　　D.翼展

8.增升装置的增升机理主要有(　　　)。

A.增加机翼的弯度效应　　　　　　　B.增加机翼的有效面积

C.改善缝道的流动品质　　　　　　　D.增加机翼的牢固性

二、简答题

1.简述飞机的升力和阻力产生的过程及原理。

2.简述为什么流线体在气流中压差阻力最小。

3.为了减少摩擦阻力,常用什么方法？简述其原理。

第3章 高速空气动力学基础

3.1 课前预习

📖 **在书中找到答案**

(1)什么叫气流特性?

(2)超声速气流的产生。

(3)激波是如何形成的?

(4)什么是斜激波?

(5)空气的压缩性与飞行速度的关系是什么?

3.2 高速空气动力学概述

第2章分析了低速气流的流动特点,当气流的速度由低速增加到高速时,气流的特性会发生很大的变化,激波的产生,就是其中最突出的现象之一。本章主要分析高速气流的特性,说明高速飞机在气动性能及外形上与低速飞机的区别。

本章所讲内容:

(1)高速气流的特性;

(2)弱扰动的传播、声速及马赫数;

(3)激波与膨胀波产生原因;

(4)高速飞机的外形特点。

3.3 高速气流的特性

所谓气流特性,就是指流动中的空气,其压力、密度、温度以及流管粗细同气流速度之间相互变化的关系。在气流速度由低速转变为高速,或者由低于声速转变为超过声速的过程中,空气的压力、密度和温度等会发生显著的变化,气流特性就出现了一些不同于低速情况的质的差别。例如,这时会产生使压力突然升高的激波;流管收缩不是使气流加速,反而使气流减速等现象。

3.3.1 空气的压缩性与飞行速度的关系

第 2 章讲过空气的压缩性。例如,用力压皮球,就可以把皮球压瘪;将皮球烤热,会使它膨胀。一定量的空气,其体积改变了,密度也自然发生了变化。

由于空气流过机翼各处,其速度和压力会发生改变,所以会引起空气密度的变化。表 3-1 列出了在标准大气条件下,不同飞行速度时,机翼前缘驻点[在这一点,气流的速度等于零,见图 2-1(b)]空气密度增加的百分比。表 3-1 中空气密度增加的百分比 $\Delta\rho/\rho$ 表示空气密度变化的程度,其中 $\Delta\rho$ 是空气密度的变化量,ρ 是空气原来的密度。从表 3-1 中可以明显地看出,随着速度的增加,空气密度的变化程度增大,这种变化就体现了空气的压缩性。因此,空气的压缩性与飞行速度有密切的关系,飞行速度越快,空气的压缩就越大。

表 3-1 空气密度随飞行速度变化的关系

飞行速度/(km·h^{-1})	200	400	600	800	1 000	2 000
空气密度增加的百分比($\Delta\rho/\rho$)	1.3%	5.3%	12.2%	22.3%	45.8%	56.6%

空气的这种压缩性在高速飞行时会引起一系列问题:弱扰动的传播,高速气流中压力和流速随流管截面积的变化,激波等。下面将详细解释。

3.3.2 弱扰动的传播、声速及马赫数

1. 扰动的概念与声速

在流场中,任一点的流动参数与自由流(即远前方来流)中对应流动参数之差,称为扰动。如流场中某点的密度、压强、速度分别为 ρ,p,v,而远前方来流的密度、压强、速度分别为 $\rho_\infty,p_\infty,v_\infty$,因此流场上该点的流动参数可表示为

$$\rho=\rho_\infty+\Delta\rho, \quad p=p_\infty+\Delta p, \quad v=v_\infty+\Delta v$$

式中,$\Delta\rho,\Delta p,\Delta v$ 分别称为该点对流场的扰动密度、扰动压强和扰动速度。当 $\Delta\rho,\Delta p,\Delta v$ 值很小,即 $\Delta\rho\to0,\Delta p\to0,\Delta v\to0$ 时,这种扰动称为弱扰动;反之,称为强扰动。如飞机在空中飞行时,它对周围的空气产生作用,使空气的密度、压强和速度等气流参数发生变化,也就是说飞机对空气产生了扰动。空气是可压缩的弹性介质,一处受到扰动,这个扰动便通过空气一层一层相互作用,向四面八方传播。这个过程和耳朵能听到敲锣打鼓的声音是一样的。锣鼓的振动传给空气,空气又一层一层相互作用,把它传给耳膜,因此我们听到了锣鼓声。锣鼓的振动,对空气来说是一种扰动,因为这种振动引起空气压强变化很微弱,所以是一种弱扰动。我们知道在空气中传播这种扰动,即声音,需要一定的时间,就是说,有一定的传播速度,这个速度就是声速。

理论上可以推知,声速的大小为

$$a=\sqrt{\frac{\mathrm{d}p}{\mathrm{d}\rho}}$$

该式表明,声速 a 取决于 $\mathrm{d}p/\mathrm{d}\rho$,即单位密度改变所需的压力改变。此压力越小,声速 a 越小,说明气体越容易压缩,即压缩性较大;反之,声速 a 越大,气体不容易压缩,即压缩性较小。因此,声速 a 可以作为压缩性的指标。进一步可以推出,在绝热过程中,空气中的声速为

$$a = 20\sqrt{T}$$

标准大气中的声速见表 2-1。

2. 马赫数 Ma

流场中任一点处流速或飞行速度与当地声速之比,定义为马赫数 Ma,即

$$Ma = \frac{v}{a}$$

式中　　v—— 流速或飞行速度;

　　　　a—— 当地声速。

$Ma < 1$,称为亚声速;$Ma > 1$,称为超声速;$Ma < 0.3$,一般称为低速。有时更详细地划分,把 Ma 在 1 附近的,称为跨声速;Ma 小于 1 但接近于 1 的(譬如 Ma 在 $0.7 \sim 0.9$ 范围内),称为高亚声速。

Ma 的大小不仅可以说明飞机周围扰动的传播情况,而且还可以作为空气密度变化程度或者压缩性大小的衡量标志。Ma 越大,则表示空气密度的变化以及压缩性的影响也越大;反之,Ma 越小,则密度变化和压缩性的影响也越小。

在低速飞行中,一架飞机的速度、高度可以不同,但是,只要迎角相同,机翼压力分布和飞机的气动特性(如升力系数、阻力系数等) 都是一样的。但在高速飞行中,除了迎角相同,还要 Ma 相同。否则,机翼表面各点扰动传播情况就不相同,空气密度变化的情况也不相同,因而机翼上面的压力分布以及空气动力特性也就会发生变化。可见,Ma 是研究高速飞行时的一个极重要的概念。

飞机上和气流接触的每一个点,都是一个扰动源。通过上面的分析,可以得出这样的结论:如果飞机的飞行速度小于声速,它所引起的扰动可以传到飞机的前面去;如果飞行速度等于或大于声速,则扰动就不能传到飞机的前面去,而只能在飞机后面的一定范围内传播。飞行速度比声速大得越多,这个范围就越狭小。低速飞机,它还没有飞到,我们就早已听到了它的轰鸣声,而超声速飞机,以超声速飞行时,飞过我们头顶很远才听到它的啸叫声,道理就在这里。

3.3.3　压力、密度、温度和速度随流管截面积变化的规律

根据能量守恒原理,气流流速与压力的关系,即流速增加,压力降低,流速减小,压力增高。这个结论无论在高速或低速情况下都是适用的。但在高速飞行时,随着气流流速的加快,空气的压缩与膨胀的变化越来越显著。流速改变时,不仅引起压力的变化,而且密度和温度也有明显变化,这对飞行器上的空气动力必然有不同的影响。因此,要了解飞行器上的空气动力在高速飞行中的变化规律,还须了解高速气流中空气的密度、温度与流速之间的关系。

流速加快,压力降低,必然引起体积膨胀,从而使密度减小;反之,在流速减慢、压力升高的同时,空气受压缩,体积缩小,因此,密度必然增大。

空气体积的膨胀,还会使温度降低。当打开冷气瓶的开关,高压气体从喷口喷出来时,开关和导管的温度都显著下降,甚至使导管表面结霜。这并不是冷气瓶装着很"冷"的气体的缘故(冷气瓶装的就是常温的压缩空气),而是高压空气从喷口喷出时体积膨胀引起降温所致。同样,当空气受压缩时,温度会升高。譬如,用打气筒打气,气筒壁会发烫。这并非皮碗与筒壁摩擦的结果,而主要是筒内空气被压缩,导致温度升高。

归纳起来,高速气流的规律就是流速加快,则压力、密度、温度都一起降低;流速减慢,则压力、密度、温度都一起升高。

那么,在高速气流中,气流速度(Ma)与流管截面之间的关系究竟怎样呢?

考虑空气的压缩性,从气流流动的最基本规律(连续方程和能量方程)出发,可以推导出下式:

$$\frac{\mathrm{d}A}{A} = (Ma^2 - 1)\frac{\mathrm{d}v}{v} \tag{3-1}$$

式中　A——流管原来的截面积;

$\mathrm{d}A$——流管截面积的变化量;

$\mathrm{d}A/A$——流管截面积的变化程度;

v——流管截面变化前空气原来的流速;

$\mathrm{d}v$——流速的变化量;

$\mathrm{d}v/v$——流速的变化程度。

式(3-1)表明了气体流速与流管截面积之间的关系。现在分别讨论亚声速和超声速两种情况。

1. 亚声速气流,即 $Ma < 1$ 的情况

此时在式(3-1)中,$(Ma^2 - 1) < 0$,这说明 $\mathrm{d}A/A$ 与 $\mathrm{d}v/v$ 的符号是相反的。而 A 和 v 总是正的,所以 $\mathrm{d}A$ 与 $\mathrm{d}v$ 的符号相反。也就是说,当 $\mathrm{d}A > 0$ 时,$\mathrm{d}v < 0$。即流管截面积扩大时,气流减速;反之,当 $\mathrm{d}A < 0$ 时,$\mathrm{d}v > 0$,即流管截面积缩小时,气流加速。可见,当气流亚声速流动时,流速与流管截面积之间的关系是流管缩小,流速增大;流管扩大,流速减小。低速气流的连续性定理即这种情况在低速时的体现。

2. 超声速气流,即 $Ma > 1$ 的情况

此时在式(3-1)中,$(Ma^2 - 1) > 0$,所以 $\mathrm{d}A/A$ 与 $\mathrm{d}v/v$ 符号相同。这说明,在超声速气流中,流速与流管截面积同时增加或减小,即流管扩大,流速也增大;流管缩小,流速也减小。这与低速、亚声速的情况正好相反。

高速气流中压力、密度、温度和速度随流管截面积变化的规律可归纳为表3-2。

表3-2　p,ρ,T,v 与 A 相互变化关系

流管形状	低速气流(不可压缩)	亚声速气流($Ma < 1$)	超声速气流($Ma > 1$)
收缩的流管	流速增大 { 压力减小 密度不变 温度不变	流速增大 { 压力减小 密度减小 温度降低	流速减小 { 压力增大 密度增大 温度升高
扩张的流管	流速减小 { 压力增大 密度不变 温度不变	流速减小 { 压力增大 密度增大 温度升高	流速增大 { 压力减小 密度减小 温度降低

3.3.4　超声速气流的产生

要驱动气体在管道中流动起来并得到期望的流动参数,需要具备两个条件。首先,要有一

个压力差。图 3-1 中,左边为气流入口,右边为气流出口,要使气体沿管道由左向右开始流动,必须使进口的压力大于出口的压力,即进口与出口必须有一个压力差,在此压力差的推动下,气体才能在管道中流动,保持这个压力差,气体才能在管道中做定常流动。其次,要有适当的管道形状,即要有适当的横截面积的变化,才能得到期望的流动速度。如果没有合适的管道形状,就再大的压力差也不可能得到所希望的流动参数。

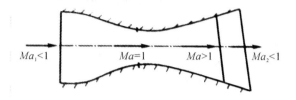

图 3-1 超声速气流的产生

根据上述气流速度随流管截面积变化的规律,要产生超声速气流,除了压力差以外,必须选择恰当的管道形状,即先收缩后扩张的形状,如图 3-1 所示。这种形状的管道称为拉瓦尔喷管或超声速喷管。此喷管中截面积最小处称为喉道。当压力差驱动亚声速或低速气流自左向右在拉瓦尔喷管中流动时,亚声速或低速气流先在收缩的管道中加速,到喉道处产生 $Ma=1$ 的声速气流;紧接着再用扩张的管道使声速气流继续加速变成超声速气流。通过选择不同的出口截面积与喉道截面积的比值,就可以在出口截面处得到不同速度的超声速气流。

3.3.5 超声速飞行时的"热障"

当飞机以超声速飞行时,除了气流的特性发生很大的变化外,高速气流还会使飞机表面温度升高,这种现象称为气动加热。若飞机在 13 km 的高度飞行(外界空气温度 -56℃),当其速度为 $Ma=2.0$ 时,飞机头部和机翼的前缘温度可达 100℃;当 $Ma=2.5$ 时,温度可达 200℃;当 $Ma=3.0$ 时,温度可达 310℃。

人较长时间所能忍受的温度限制是 40℃,航空仪表和机载电子设备所能承受的极限温度是 150~200℃,飞机的主要结构材料铝合金的极限工作温度为 180~200℃。由此看来,当飞机的速度超过 $Ma=2.5$ 时,就出现了"热障"问题。此时飞机的主要结构材料铝合金已经不能再使用,机载电子设备、燃油和液压等各个分系统都产生了冷却和防热问题。由于"热"的问题的出现,传统的设计规范和标准都需要重新定义或做重大修改。20 世纪 60 年代,美国和苏联先后研制出两种实用的高空高速飞机 SR-71 和米格-25,它们均可以 $Ma=3.0$ 的速度进行巡航飞行。SR-71 的主要结构材料是钛合金,米格-25 的主要结构材料是不锈钢。但是自那以后,没有出现第三种 $Ma=3.0$ 的作战飞机。人们在提出新战斗飞机的设计要求时,仍然避开"热障",把飞机的最大速度限制在 $Ma=2.5$ 以下。虽然通过使用钛合金和不锈钢作为主要结构材料,通过使用隔热和加强冷却来保护飞机内部部件、机载设备和人员,研制出了 $Ma=3.0$ 的突破"热障"的飞机(SR-71),但是由于这种飞机效费比太低而没有被广泛采用。现在人们仍然在积极讨论 $Ma>5.0$ 以上的高超声速洲际客机的可行性问题,也许在不久的将来会有效费比更高的解决飞机"热障"的办法出现。

3.4 激波与膨胀波

3.4.1 激波的形成

前面谈到,在超声速飞行时,扰动不能传到飞机的前面去。因此,向飞机头部和机翼前缘迎面而来的空气,就不像在亚声速飞行那样,在飞机来到之前,早已逐渐地感受到飞机的扰动,而是事先丝毫没有受到飞机扰动的影响。飞机突然来到跟前,空气就来不及让开,因而突然地遭到强烈的压缩,其压力、密度和温度都突然升高,相对于飞机的流速则突然降低。这个压力、密度、温度和流速从无变化到突然发生变化的分界面就叫作激波,如图 3-2 所示。

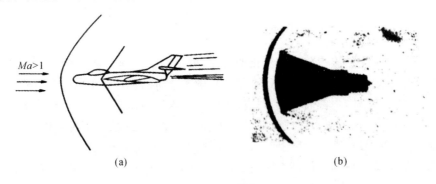

图 3-2 激波
(a)激波形成原理; (b)激波照片($Ma=3$)

3.4.2 激波的类型

飞机在空中以超声速飞行时,相当于气流以超声速流过飞机,因此在机身和机翼前部气流受到阻滞,即不断受到压缩而形成激波。飞机外形与飞行马赫数不同,激波形状也是不同的(见图 3-3)。

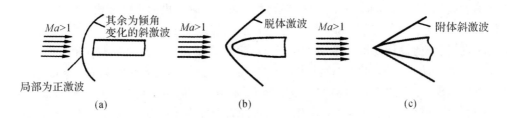

图 3-3 脱体激波与附体激波
(a)(b)脱体激波; (c)附体激波

激波面与运动方向垂直的部分称为正激波[见图 3-3(a)(b)中激波的局部,只是小部分];与运动方向不垂直的部分称为斜激波。

激波可以是平面的[见图 3-3(c)],也可以是曲面[见图 3-3(a)(b)]或锥形的。

波面与气流方向垂直的激波称为正激波。气流通过正激波,压力、密度、温度都突然升高,流速由超声速降为亚声速,气流方向不变。

波面与气流方向不垂直的倾斜激波称为斜激波。空气流过斜激波,压力、密度、温度也都突然升高,但在同一超声速来流 Ma 下,它们的变化不像通过正激波那样强烈。波后的流速可能降为亚声速,也可能仍为超声速。斜激波向后倾斜程度,通常用斜激波与气流方向之间的角 β 来表示,β 称为激波角,如图 3-4(a) 所示。图中,δ 角为气流转折角。显然,物体表面的转折角 δ 越大,对气流的阻滞作用越强。于是,斜激波的激波角 β 也就越大,空气通过激波后的压力、温度、密度变化也就越多。表面转折角大到一定程度,转折处会产生正激波。

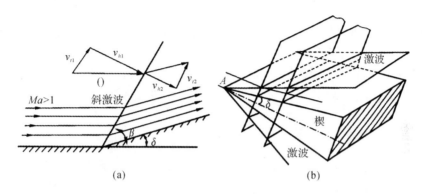

(a)　　　　　　　　　(b)

图 3-4　斜激波

前面所讨论的是超声速气流流过楔形体(即尖劈)的情形,如图 3-4(b) 所示。如果超声速气流流过圆锥,则从圆锥的顶点处开始产生一道圆锥激波,如图 3-5(a) 所示。由于流过锥体时气流是对称于中心轴线,从圆锥头部沿整个锥面向四面八方均匀散开的,沿着锥面往下游流去,锥体横截面积越来越大,在相同流量下,流线离锥面的距离会越来越小,即流线越来越向锥体面靠拢。而二元楔形体,气流只能在上下两个方向转折,同一 Ma ,δ 相同时,气流流过锥体扰动扩散范围是三元的,因此气流受压缩的程度比楔形弱,即圆锥激波比平面激波弱,这是圆锥激波的一个特点。圆锥激波的另一个特点是气流流过圆锥激波后,气流方向并不立刻与锥面平行,而是不断改变其速度大小和方向,就是说圆锥激波后的流线是弯曲的,而平面激波后的流线立刻与楔形体表面平行,保持一直线,如图 3-5(b) 所示。

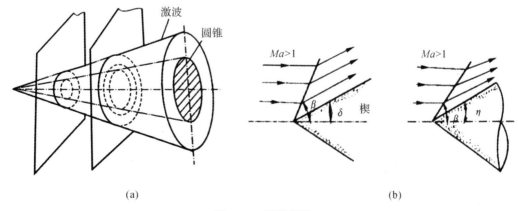

(a)　　　　　　　　　(b)

图 3-5　圆锥激波

3.4.3 膨胀波

超声速气流流过凹角的流动将产生斜激波[见图 3-4(a)]，这种流动与绕楔形体的流动[见图 3-4(b)]相类似。可以看到，凹角的顶点 A 对气流产生一个扰动，扰动的边界波为激波。波后气流受到 A 处转折角 δ 的影响，气流受到压缩。如果转折角 δ 无限小，则扰动的边界波将退化为马赫波，是一种弱压缩波[见图 3-6(a)]。马赫波的倾角为马赫角 $\mu_1 = \arcsin(1/Ma_1)$。如果物面有两个连续的微小转折，则将产生两道马赫波。由于压缩波后气流速度与马赫数降低，所以后一道马赫波的马赫角将大于前一道波的马赫角，如图 3-6(b) 所示。因此，这两道波必然会在气流中某处相交，形成压缩强度较大的波。如果转折点很多，如图 3-6 中的 $A,B,C,\cdots$，则最后形成的压缩强度必然很大，这就是激波。如果这些转折点又无限接近，结果形成一个有限大的转折角，则激波将在这个转折角的顶点开始，如图 3-6 所示。这再一次说明了激波是无数弱扰动波（压缩）的叠加。超声速气流遇到压缩扰动时，就会产生激波。

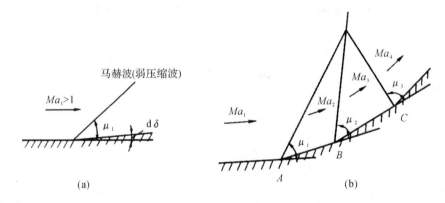

图 3-6 弱扰动波的叠加形成激波

与上述情况相反，超声速气流绕凸角流动时，气流将产生膨胀。如果转折角很小，则扰动传播界面也将是一道马赫波，如图 3-7(a) 所示。图中用虚线表示膨胀的马赫波，用实线表示压缩的马赫波。由于气流膨胀后，p,ρ,T 降低，速度 v 增大，因此波后马赫数增大，即 $Ma_2 > Ma_1$。如果壁面有几个转折，则后一道马赫波的马赫角将小于前一道波的马赫角，即 $\mu_1 > \mu_2 > \mu_3 \cdots$，如图 3-7(b) 所示。如果这些转折点无限接近，形成了一个有限大的转折角，则这些膨胀的马赫波将形成一个扇形膨胀区域，如图 3-7(c) 所示。气流通过扇形区时，连续不断地进行膨胀，气流方向不断偏转，最后与转折点后的物面平行。

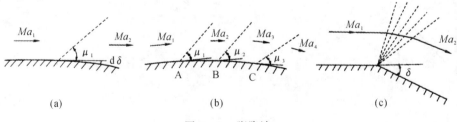

图 3-7 膨胀波

综上所述,由于空气的可压缩性,在超声速时,气流因阻滞而产生激波,因膨胀而产生膨胀波。或者说,激波是超声速气流减速时通常产生的现象;膨胀波是超声速气流加速时所必然产生的现象。激波使波前、波后参数发生突跃式变化,气流穿过激波时受到突然的压缩,压强、密度和温度升高,而速度和马赫数下降;而膨胀波波前、波后参数发生的是连续变化。此外,两者还有一个区别,即激波虽然厚度很小(10^{-5} cm 量级),但气流经过激波时,在激波内部气体黏性引起的内摩擦却很强烈,气流的部分机械能会因消耗于摩擦而变成热能而使自身温度急剧升高,而膨胀波没有上述损失。

3.5　高速飞机的外形特点

所谓高速飞机,通常是指高亚声速飞机和超声速飞机。在高亚声速飞机上,由于飞行速度可能超过 Ma_{ar},所以可能产生局部激波。在超声速飞机上,则肯定要产生激波。这两类飞机的设计重点,是要解决由于飞行速度的提高而带来的激波,以及由激波而导致的阻力增大问题。解决的办法,除了要有推力大的喷气发动机外,同时还要求飞机的外形能适应高速飞行的要求。

3.5.1　高亚声速飞机

高亚声速飞机的气动外形设计主要着重提高 Ma_{ar},以推迟飞机上局部激波的出现,从而达到提高飞行速度和飞行效率的目的,也就是使飞机的飞行速度更接近声速,而又不至于在机翼上过早地出现局部激波和产生波阻。

达到这一目的的措施主要有两条:一是减小机翼剖面的厚度,二是采用适度的机翼后掠角。

如图 3-8 所示,在翼剖面前方来流速度 v 不变的情况下,相对厚度小的薄翼剖面上的最大速度 v_1 比相对厚度大的厚翼剖面上的最大速度 v_2 要小,这也就等于来流速度 v(即飞机的飞行速度)可以提得更高,在薄翼上才出现局部超声速区和产生局部激波。因此,减小机翼的相对厚度可以提高临界马赫数。现代高亚声速运输机都采用相对厚度比较小的、最大厚度靠近中部的、比较扁平的翼剖面,这种翼剖面的 Ma_{ar} 比较高。此外,近来空气动力学家还研制出了进一步推迟局部激波出现的超临界翼型,这是一种上表面曲率较小、局部速度变化比较小的翼型,在同样相对厚度情况下,比常规翼型的 Ma_{ar} 要高。

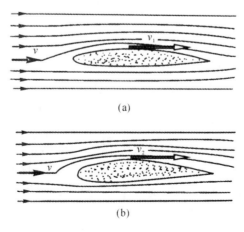

(a)

(b)

图 3-8　相对厚度不同的翼剖面上的气流速度

(a) 薄翼剖面;　(b) 厚翼剖面

机翼采用后掠角可以提高飞机 Ma_{ar} 的原因,如图 3-9 所示。当平直机翼飞机以速度 v 向前飞行时,v 垂直于机翼前缘,v 的全值对于在翼型上、下表面产生压强差(即升力)都是有效的;而当机翼带有前缘后掠角 Λ 的飞机以与平直机翼飞机相同的速度 v 向前飞行时,v 与机翼前缘不是垂直的,而是偏斜的(夹角 Λ)。因此,可以把速度 v 分解成垂直于机翼前缘方向的分量 v_1 和沿机翼前缘方向的分量 v_2。此时,只有 v 的分量 v_1 对于在翼型上、下表面产生的压强差(升力)是有效的,也就是只有 v_1 对于在机翼上产生的超声速区和激波起作用。因为 v_1 小于 v,所以飞机的飞行速度 v 可以提得比平直机翼飞机更高才会在机翼上出现局部超声波区和局部激波,也就是提高了飞机的 Ma_{ar}。实际结果表明,若采用 15° 后掠角,可使 Ma_{ar} 提高 2%;采用 45° 后掠角,可使 Ma_{ar} 提高 20%;采用 60° 后掠角,可使 Ma_{ar} 提高 41%。

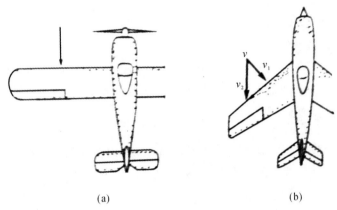

(a)   (b)

图 3-9 流过平直机翼和后掠机翼的气流速度

(a) 平直机翼; (b) 后掠机翼

3.5.2 超声速飞机

超声速飞机上肯定要出现激波,所以它的问题主要不是推迟激波的出现,而是如何减弱激波的影响和如何克服激波阻力。

克服激波阻力的主要手段是提高发动机在高速飞行时的推力。在 20 世纪 50 年代初期人们成功地研制出喷气式超声速战斗机以代替亚声速的螺旋桨式战斗机,而后逐步提高超声速飞行速度,研制出大型超声速轰炸机和民用客机。这除了不断改进飞机气动外形之外,主要靠推力不断提高的新型喷气发动机。现代超声速战斗机装用的涡轮喷气或涡轮风扇发动机,单台推力已提高到 155 kN(15 800 kgf)以上,而且其本身质量较轻,推重比可达 10,其推力随飞行速度增加而增加。有了这样的发动机,即使波阻增加,也可以用推力予以克服。

在飞机外形方面,减弱激波的影响主要靠选择翼型剖面和机翼平面形状以及加大机身的长细比等措施。

在翼型上要采用前缘尖削、相对厚度更小更薄的翼剖面,这类翼剖面在超声速飞行时产生波阻较小的斜激波。一般而言,波阻与相对厚度的二次方成正比关系,相对厚度减小为原来的 1/2,则波阻可减少为原来的 1/4。现代超高速战斗机的翼型相对厚度一般在 4% 左右,如图 3-10 所示是几种常见的超声速机翼剖面。

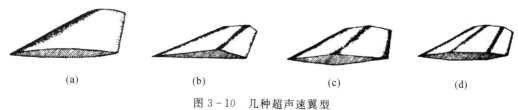

图 3-10 几种超声速翼型

(a)双弧形；ȧ (b)菱形；ȧ (c)楔性；ȧ (d)双菱形

在机翼平面形状方面,超声速飞机常用的有大后掠角梯形翼、三角翼和小展弦比直机翼等,如图 3-11 所示。由前述可知,后掠角能减弱激波(见图 3-12)。三角翼也是大后掠角机翼,除具有大后掠翼的优点外,它还具有机翼根弦长的特点,在同样相对厚度情况下,可增加机翼的结构高度,从而可以减少结构质量。

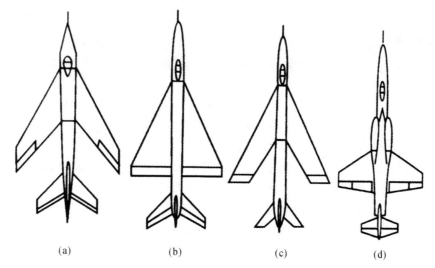

图 3-11 几种超声速机翼平面形状

(a)大后掠翼；ȧ (b)三角翼；ȧ (c)后缘切角三角翼；ȧ (d)小展弦比直机翼

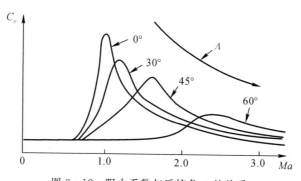

图 3-12 阻力系数与后掠角 Λ 的关系

对于低速飞机来说,为了减小诱导阻力,常常要使机翼有比较大的展弦比;但对于超速飞机来说,为了减小波阻,反而要机翼具有比较小的展弦比。因为激波是沿翼展在机翼前后缘产生的,翼展缩短之后,激波阻力自然也随之减小(见图3-13)。目前,超声速飞机的小展弦比机翼,其展弦比一般在2.5以下。

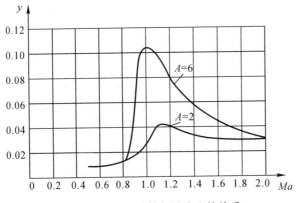

图3-13　阻尼系数与展弦比的关系

　　机翼采用的后掠角越大,对超声速飞行越有利。但是,飞机采用大后掠角,使机翼展弦比和翼展都变得很小,在做亚声速飞行时,气动性能就变得很不利。这主要是由于垂直于机翼前缘的、对产生升力有效的分速度过小而使飞机升力不足,所以飞机的最小平飞速度降不下来,使起飞和着陆滑跑距离很长,起降性能变坏。再就是,现代战斗机的近距格斗空战多是在中空亚声速范围内进行的,由于要做各种机动动作而需要大的升力及小的诱导阻力,大后掠小展弦比机翼则不能满足此要求,特别是其诱导阻力过大。现代战斗机多采用中等后掠角(35°～40°)和中等展弦比(3～4)机翼,并加装前缘缝翼或襟翼,就是兼顾超声速和亚声速飞行而折中的结果。在同样的迎角下,机翼的展弦比与机翼的升力成正比,但与减少波阻的要求成反比。

　　为了解决超声速飞行要求大后掠角、亚声速飞行要求小后掠角的矛盾,部分战术攻击机和战略轰炸机采用了变后掠角机翼(见图3-14)。变后掠角机翼兼顾了高速和低速性能,但质量较大,同时结构也较复杂。

图3-14　变后掠角机翼的超声速飞机

　　飞机在做超声速飞行时,激波的产生会使机翼的升力下降。基于同样的原因,激波也使升降舵偏转时的效率变得很低。为了保证在超声速时的俯仰操纵,超声速飞机通常采用全动水平尾翼(简称为全动平尾),个别飞机甚至于采用全动垂直尾翼(SR - 71),以提高飞机的俯仰和方向操纵的效率。

机身头部的形状与波阻的大小密切相关。在超声速飞行时,机头越钝,对空气压缩的程度就越大,会产生强的正激波,因而波阻也较大;反之,头部越尖,则产生较弱的斜激波,波阻相对就较小(见图 3 - 15)。超声速飞机的机头很细很尖,就是这个缘故。

高速飞机的机身长细比较大,与采用相对厚度小的机翼类似,其作用是提高机身的临界 Ma 数和减小波阻。

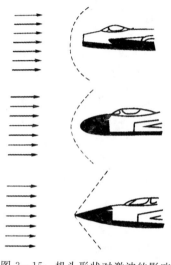

图 3 - 15　机头形状对激波的影响

3.6　总　　结

本章介绍了高速气流的特性,涉及一些基本物理量的计算公式,重点讲解了空气的压缩性与飞行速度的关系。对于初学者,还要注意常用高速气流的特性,弱扰动的传播、声速及马赫数,掌握激波与膨胀波产生原因,高速飞机的外形特点和超声速飞机的特性。概念和定义是本章的重点与难点,需要深入理解与多加练习,为学习后面章节打下基础。

3.7　课后习题

一、选择题

1.高速气流不包括(　　)。

A. 亚声速气流　　　　　B. 高亚声速气流　　　　C. 声速气流　　　　D. 超声速气流

2.研究高速气流的内容是(　　)。

A. 飞行速度与空气连续性的关系　　　　　　B. 飞行高度与空气连续性的关系

C. 飞行速度与空气压缩性的关系　　　　　D. 飞行高度与空气压缩性的关系

3. 声速是指(　　)。

A. 流体密度改变需要的压力改变　　　　　B. 气流密度改变所需的压力改变

C. 声音在介质中传播的速度　　　　　　　D. 声波扩散的频率

4. 马赫数是指(　　)。

A. 气流压缩性的参数

B. 流场中任一点处流速或飞行速度与当地声速之比

C. 流场中任一点处气流密度与当地声速之比

D. 流场中任一点处气流压强与当地声速之比

5. 亚声速气流在通过收缩流管时(　　)。

A. 流速减小,压力增大　　　　　　　　　B. 流速减小,压力减小

C. 流速加大,压力减小　　　　　　　　　D. 流速加大,压力加大

6. 超声速气流产生的条件是(　　)。

A. 较大压差和相同截面积的流管　　　　　B. 较小压差和不同截面积的流管

C. 较大压差和不同截面积的流管　　　　　D. 以上都不是

二、简答题

1. 压力、密度、温度和速度随流管截面积变化的规律是怎样的?

2. 什么是膨胀波?

3. 机头形状对激波的影响有哪些?

4. 后掠角机翼这种结构的优缺点有哪些?

第4章　固定翼结构分析

4.1　课前预习

📖 **在书中找到答案**

(1)无人机主要的结构材料有哪些?

(2)无人机设计规范都有哪些规定?

(3)过载的含义。

(4)机翼的典型部件的作用是什么?

4.2　固定翼结构分析概述

与其他类型结构相比,飞机结构有其特殊性。首先,对质量特别敏感。飞机本身的质量必须尽可能小,以便多装人员、货物或装备,因而对结构材料要求高。其次,飞机部件的尺寸大而刚度小。有的飞机机翼长达几十米,本身又是薄壁结构,易变形,即刚度小(刚度是指结构抵抗变形的能力),因此飞机结构的精确度不易保证。还有,飞机零件的数量特别多,装配工作量大。大型飞机的零件有几万个之多,而铆钉的数量就可达几十万,所以装配工作量特别大。

本章所讲内容:

(1)机翼、尾翼的作用;

(2)机翼、尾翼典型部件的受力特点;

(3)飞机设计相应规范及其重要性;

(4)机翼、尾翼外载的种类及改善方法。

4.3　飞机结构设计的基本要求

在飞机结构设计时,设计人员应当使所设计的结构,满足技术要求中规定的对结构的一些基本要求。在设计中,如何全面考虑这些要求设计出理想的结构,如何满足这些相互间既有矛盾又有促进作用的下述 5 个基本要求,是结构设计人员的基本功。

1.气动要求

当结构与气动外形有关时,结构设计应使结构构造的外形能满足规定的外形准确度要求和表面质量要求。这些要求主要与气动阻力和升力特性有关。为了保证飞机在气动上具有设定的良好稳定性与操纵性,机翼、尾翼与机身不容许有过大的变形。

2.强度、刚度、寿命、可靠性和质量要求

结构应在具有足够的强度、刚度、寿命和可靠性的前提下,使结构质量尽可能轻。

结构设计应保证结构在承受各种规定的载荷状态下,具有足够的强度(强度是指结构或材料抵抗破坏的能力),不产生不能容许的残余变形;具有足够的刚度与采取其他措施以避免出现不能容许的气动弹性问题与振动问题;应该有好的抗疲劳/断裂破坏能力(飞机的许多结构常处于交变/循环载荷的作用下,容易产生疲劳形式的破坏),具有足够的寿命等,保证飞行安全;应具有高的可靠性和生存力(在规定的时间和规定的条件下,结构能完成规定功能的能力称为结构的可靠性。飞机的可靠性是无故障性、维修性、耐久性和储存性的综合指标)。

这一条要求可以简称为最小质量要求或质量要求。

3.使用维护要求

为了确保飞机的各个部分(包括装在飞机内的电子设备、燃油系统等各个重要设备和系统以及主要结构)能安全可靠地工作,需要在规定的周期,检查各个需要检查的地方,如发现损伤,则需要进行修理或更换。

缩短维护及检修工作的时间,可以保证飞机随时处于临战状态或者重新起飞状态,可以提高军用飞机的作战使用率和提高民用飞机的使用经济性。

为了保证维护、检修工作的高质量、高速度进行,在结构上需要布置合理的分离面与各种开口。

4.工艺性要求

要求飞机结构的工艺性要好,即加工要快、成本要低等。这些须结合机种、产量、需要迫切性与加工条件等综合考虑。

5.成本要求——经济性要求

这里所说的成本,主要是指制造成本和运营成本(与结构的维修有关的那部分)。如果从广义上讲,经济性要求还应包括设计成本。

一般来说,以上要求中除气动要求必须保证外,对军机而言,质量要求是第一位的;对旅客机、运输机而言,则要同时考虑质量和经济性。而经济性要求实质上和质量、使用维护及工艺要求均密切相关。

上述各项要求之间是互相联系、互相制约的,有些还是相互矛盾的,因此需分析这些要求之间的相互关系,分清主次,综合考虑。

气动要求和使用要求,是一种前提性要求,即必须予以满足的。以使用维护要求为例,尽管开口会使结构增重,但还是应尽量满足。当然某些开口增重较多,则应尽可能调整其位置、大小及形状等。

工艺要求是一种条件性要求、发展性要求,即工艺性的好坏是结合一定条件如产品数量、加工条件等。但加工条件又是可以发展的。在某些情况下(譬如战时急需增加作战飞机的数量),工艺要求(例如要求生产周期短)也可能成为主要要求。

质量要求之所以是飞机结构设计的主要要求,是因为对军机而言,质量与性能密切相关,减重对军机十分重要;对旅客机、运输机而言,质量与经济效益直接相关。由于现代旅客机使用寿命长(一般可达 60 000 h),所以减轻结构质量意味着可增加商载(商务载重,即旅客、货物、邮件等质量),在使用寿命期内增加的经济效益将是十分可观的。

4.4　飞机主要结构材料

为了减轻结构质量,除了采用合理的结构形式以外,最有效的方法是选用强度、刚度大,疲劳/断裂特性好而质量轻的材料。同时,应根据不同的飞行条件和工作环境,要求材料有一定的耐高温和抗低温性能;要有良好的耐老化和抗腐蚀能力;要有良好的抗疲劳性能等。此外,还要求材料应具有良好的加工性能;采用的材料要资源丰富、价格低廉。

一般纯金属的机械性能都不太好,只有加入一种或几种金属元素后所形成的合金才具有良好的机械性能。

目前,飞机结构主要使用的材料包括铝合金、镁合金、合金钢、钛合金和复合材料等。

4.4.1　铝合金

铝合金是在铝中加入铜、锌、镁、锂和硅等元素形成的合金。

铝合金除保持了纯铝的优点(如密度小、塑性高、抗腐蚀、导热及导电性良好)以外,还具有良好的机械性能、物理性能和工艺性能。大多数变形铝合金都易进行切削、压力加工成形。铸造铝合金则可用砂型、金属型和压力铸造等方法成形。

铝合金由于具有较高的强度和刚度、较轻的质量以及工艺性能优良、成形方便、成本低廉等其他合金所不能比拟的优点,成为飞机的主要结构材料。

4.4.2　镁合金

在现有的工程用金属中,镁合金的密度最小,约为 1.8 g/cm³,约为铝的 64%、钢的 32%,因而被广泛用作航空材料。

镁合金很轻,具有良好的机械加工性,可广泛应用于飞机的非主要受力构件上,还可以用来制造起落架上的刹车轮毂。另外,由于镁合金对石油和碱类物质有抗腐蚀性,可以用来做油管和油箱的零件。

4.4.3　合金钢

钢具有强度高、性能稳定、工艺简单、成本低廉等优点。承受大载荷的接头、起落架和各种齿轮也要用高强度钢或渗碳钢制造。超声速飞机($Ma > 3$)的受力框架等重要零件因在一定的温度场中工作,必须采用中温超高强度钢。

很多航空零部件都要求材料具有良好的抗腐蚀性能和优良的高低温综合机械性能。种类繁多的不锈钢正好能满足这些要求,例如马氏体不锈钢用来制造压气机叶片、压气机盘、发动机机匣、环形件和大型壳体等。奥氏体不锈钢广泛用来制造各种导管和仪表零件。因此,不锈钢和结构钢在航空制造业中占有很重要的地位。

4.4.4　钛合金

钛的密度小(4.5 g/cm³),但其强度却接近于钢。用钛合金制造的飞机结构可以明显减轻结构质量。此外,钛合金具有良好的抗腐蚀性及超低温性能。钛合金的主要缺点是加工成形比较困难,成本也较高。

4.4.5 复合材料

复合材料是由两种或多种材料复合而成的多相材料。复合材料中起增强作用的材料称为增强体,起黏结作用的材料称为基体。一般的增强体主要有碳纤维和石墨纤维、玻璃纤维、芳纶纤维、硼纤维等高强度的纤维;基体材料一般采用具有柔韧性的树脂,如环氧树脂、聚酰亚胺树脂等,另外还有铝合金或钛合金等。

复合材料具有优异的性能,其密度低,强度和刚度高,抗疲劳性能、减震性能等较好,而且可以对其力学性能进行设计,因而在航空航天结构上采用的越来越多。

4.4.6 化工材料

除了以上主要工程材料外,在航空结构中还采用了种类繁多的化工材料。例如用于连接同部件的胶黏剂,用于制造座舱密封盖的聚碳酸酯玻璃,用于制作航空轮胎的各种橡胶,还有为了防腐蚀甚至增加隐身性能的涂料等。

总之,随着飞机的发展,所采用的各种材料的品种都在不断发展并发挥着越来越重要的作用。

4.5 飞机设计规范简介

4.5.1 过载

作用在飞机上的气动力和发动机推力的合力与飞机重力之比称为飞机的过载。飞机所能承受过载的大小是衡量飞机机动性的重要参数。过载越大,飞机的受力越大,为保证飞机的安全,飞机的过载不能过大。飞行员在机动飞行中也会因为过载大于1或者小于1而承受超重和失重。飞行员所能承受的最大过载一般不能超过8。

过载的产生主要是由于机翼的升力。当水平转弯,或者翻筋斗时,机翼产生的升力大于重力,因此过载大于1。当飞机俯冲,或者快速爬升后改平时,机翼产生的升力小于重力,甚至产生反向的升力,此时过载小于1,甚至小于零。

过载(g),即在飞行中,飞行员的身体必须承受的巨大的加速度。这些正或负的加速度通常以 g 的倍数来度量。过载分为正过载和负过载。

正过载,即在加速度的情况下,离心力从头部施加到脚,血液被推向身体下部。在正过载的情况下,如果飞行员的肌肉结构不能很好地调整,则大脑就得不到适当的血液补充,飞行员易产生称为灰视或黑视的视觉问题。如压力持续,最终可导致飞行员昏迷。

负过载,指飞行员在负加速度下飞行时(例如倒飞),血液上升到头部,颅内压力增加,会产生不舒服甚至痛苦的感觉。

每个人对加速度都有其承受的极限。适当的训练将允许飞行员承受大过载,在高级特技飞行竞赛中,飞行员承受的过载可达 $\pm 10g$。

飞机设计规范是飞机结构设计时,进行外载荷计算的主要依据。

4.5.2　规定了飞机的分类

这是根据飞机不同的任务及其战术技术要求而定的。通常按机动性的不同要求,将飞机分为 3 类,并规定了它们的使用过载极限值。

(1)甲类飞机。可以完成全部机动动作的飞机,如歼击机、强击机及其相应的教练机等,其使用过载极限值为 $n_{min} = -3$, $n_{max} = 8$。

(2)乙类飞机。可以完成部分机动动作的飞机,如战术轰炸机、多用途飞机等,其使用过载极限值为 $n_{min} = -2$, $n_{max} = 4$。

(3)丙类飞机。不能做机动飞行的飞机,如战略轰炸机、运输机等,其使用过载极限值为 $n_{min} = -1$, $n_{max} = 3$。

4.5.3　规定了刚度指标

飞机结构应有足够的刚度,以保持飞机的气动外形、操稳性及抗震要求。设计规范规定了各操纵面的有效性指标,各翼面的许可挠度值和扭角值。

4.5.4　规定了飞机适航性指标

设计规范还规定了飞机应适应的大气条件(风、雪、冰雹、热、臭氧、宇宙辐射和雷电等),机场条件(草地、土地、水泥地、机场设施和跑道要求等),对出现差错、故障及其后果影响的限制(如规定灾难性影响的出现次数不大于 10^{-5} 次/飞行小时等),故障飞行的性能要求,应有的飞行包线规定,飞行品质、操纵品质规定,防火、防蚀指标,驾驶舱及视界的规定,警告装置要求,仪表、电气、特种设备的适航指标,迫降时的安全指标,救生要求以及动力装置的适航指标等。

4.5.5　规定了应进行的各种试验及其要求

设计规范一般都明确要求飞机要进行静力、动力和热试验,耐久性和疲劳寿命试验,地面操作试验,动力装置试验,各系统、设备试验,武器使用、空中加油、弹射救生和应急迫降等特殊试验及空中格斗试验等。

规范还规定了各种试验所应记录的数据,应分析的项目,应提供的报告及提供的日期期限等。

规范还规定了损伤容限、使用寿命、可靠性要求等。

4.6　机翼、尾翼的功用与要求

4.6.1　机翼的功用与要求

1.机翼的功用

机翼是飞机的一个重要部件,其主要功用是产生升力。当机翼具有上反角时,可为飞机提供一定的横向稳定性。在机翼的后缘,一般布置有横向操纵用的副翼、扰流片等附翼。为了改善机翼的低速空气动力特性,在机翼的前、后缘越来越多地装有各种形式的襟翼、缝翼等增升装置,以提高飞机的起飞着陆或机动性能。

机翼上常安装有起落架、发动机等其他部件。作战飞机往往在机翼下布置多种外挂,如副油箱和导弹、炸弹、火箭弹等军械设备。机翼的内部空间常用来收藏起落架,放置一些小型设备、附件和储存燃油。特别是旅客机,为了保证旅客安全,通常不在机身内储存燃油,而把燃油储存在机翼内。放置燃油的油箱有整体油箱和软油箱两种,为了减轻质量,飞机机翼油箱多为整体油箱(见图 4 - 1)。

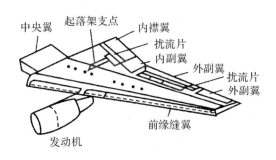

图 4 - 1　机翼布置

2.机翼的设计要求

机翼的设计要求与飞机结构设计的五项基本要求是一致的,只是因功用不同,而侧重点有所不同。

(1)机翼主要用于产生升力,因此满足空气动力要求是首要的。机翼除保证升力外,还要求阻力尽量小。机翼的气动特性主要取决于其外形参数(如展弦比、相对厚度、后掠角和翼型等),这些参数在总体设计时确定;结构设计则应从强度、刚度和表面光滑度等各方面来保证机翼气动外形要求的实现。

(2)在外形、装载和连接情况已定的条件下,质量要求是机翼结构设计的主要要求。具体地说,就是要设计出一个既能满足强度、刚度和耐久性要求,又尽可能轻的结构。强度包括静强度、动强度和疲劳强度。对于按"安全寿命"或"损伤容限"设计的机翼,应在其受力构件布置、连接关系设计、零构件细节设计以及关键件的可检查性等各个环节中给予认真考虑,以便使结构具有长寿命和好的破损安全特性,从而保证结构使用的可靠性。

机翼外载随过载系数的增大而增大。通常各类飞机的最大、最小过载系数由强度规范规定,如歼击机最大过载系数可达 7~9。当飞机在高速飞行时,很小的变形就可能严重恶化机翼的空气动力特性;刚度不足还会引起颤振和操纵面反效等严重问题。值得注意的是,随着飞行速度的提高,机翼所受载荷增大;再加上后掠角的影响,致使机翼结构的扭转刚度、弯曲刚度越来越难保证,这些都将引起机翼在飞行中的变形增加。因此对高速飞机,为满足机翼的气动要求,刚度问题必须给予足够重视。然而也正是上述原因,要解决好机翼的最小质量要求与强度、刚度要求之间的矛盾将更困难。这种矛盾促进了机翼结构的受力形式不断发展,在以后的分析中将清楚地看到这一点。

(3)使用、维护要求。飞机应该使用方便,便于检查、维护和修理。对于按损伤容限设计的飞机,还应满足相应的特殊要求。当机翼结构作为整体油箱舱使用时,必须保证燃油系统工作的高可靠性。当该可靠性要求与结构质量要求相矛盾时,应首先保证燃油系统的可靠性,因为它涉及飞行的安全性。用作油箱舱的翼箱除满足一般的强度、刚度要求外,应具有较高的疲劳强度、良好的破损安全性能,并应妥善解决密封问题。

(4)工艺性和经济性要求,与一般飞机结构相同,不再重复。

4.6.2　尾翼的功用与要求

1.尾翼的主要功用

尾翼用于保证飞机的纵向和横向的平衡与稳定性,以及实施对飞机的纵向和横向的操纵。一般飞机的尾翼由水平尾翼(简称平尾)和垂直尾翼(简称垂尾)两部分组成。正常式平尾包括水平安定面和升降舵。为了改善跨声速和超声速飞机在高速飞行中的纵向操纵性,在这类飞机上,大多采用全动水平尾翼。垂尾一般由垂直安定面和方向舵组成。

2.尾翼的设计要求

尾翼的功用是通过它所产生的升力来实现的,所以从本质上说,尾翼的直接功用就是产生升力,它也是一个升力面,因而尾翼的设计要求和构造与机翼十分类似。对尾翼的主要要求也是保证它所承担的空气动力任务的完成,同时具有足够的强度、刚度和寿命,而质量尽可能轻。

4.7　机翼、尾翼的外载特点

4.7.1　机翼的外载特点

机翼的外载有以下 3 类(见图 4 - 2)。

1.空气动力载荷

空气动力载荷 q_a 是分布载荷,单位为 N/m^2。它可以是吸力或压力,直接作用在机翼表面上,形成机翼的升力和阻力,其中升力是机翼最主要的外载荷。在各种设计情况下,机翼的气动载荷的数值和分布情况是不同的,因此其合力的大小、方向、作用点相应地也不相同,并将影响机翼的受力情况。

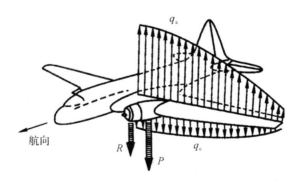

图 4 - 2　机翼上所受的分布载荷和集中载荷

q_a—气动力分布载荷；　q_c—机翼质量力分布载荷；　P—发动机或其他部件传来的集中载荷；　R—机身支反力

2.其他部件、装载传来的集中载荷

机翼上连接有其他部件(如起落架、发动机)、副翼、襟翼等各类附翼和布置在机翼内、外的各种装载(如油箱、炸弹)。除了在以翼盒作为整体油箱情况下燃油产生的是分布载荷外,由于这些部件、装载一般都是以有限的连接点与机翼结构相连,所以不论是起落架传来的地面撞击力或副翼等翼面上的气动载荷,以及部件、装载本身的质量力(包括重力和惯性力),都是通接头,以集中载荷的形式传给机翼,其中有些力的数值可能很大。

3.机翼结构的质量力

机翼本身结构的质量力为分布载荷 $q_c(\text{N/m}^2)$,其大小与分布情况取决于机翼结构质量的大小和分布规律。它的数值比气动载荷要小得多。在工程计算中,它的分布规律可近似认为与弦长成正比。

上述 2,3 中提及的各种质量力的大小和方向还与飞机过载系数有关,通常其方向与升力相反,对机翼有卸载作用。

综上所述,若以载荷形式分,机翼的外载有两种类型:一种是分布载荷,以气动载荷为主,还包括机翼本身结构的质量力,这是机翼的主要载荷形式;另一种是由各接头传来的集中载荷(力或力矩)。

4.7.2　机翼的总体受力

机翼的各种外载,总要在机翼、机身连接处,由机身提供支持力来平衡。因此,在上述载荷作用下,可把机翼看作是固定在机身上的一个"梁"。当机翼分成两部分,与机身在其左、右两侧相连时,可把每半个机翼看作支持在机身上的悬臂梁;若左、右机翼连成一个整体,则可把它看作支持在机身上的双支点外伸梁。这两种情况虽然在支持形式上有所不同,但对外翼结构来说,都可以看作悬臂梁。

必须指出的是,当把机翼看作一个"工程梁"时,它与材料力学课程中介绍的工程梁相比,有其特殊性,具体体现在以下两个方面:

(1)机翼高度(厚度)小,但其弦向尺寸(相当于梁宽)大多与翼展有相同量级(尤其是三角翼)。而一般工程梁是指高度和宽度均比长度要小得多的单尺度梁,这类梁仅注重沿长度方向分布的载荷。而对于机翼,弦向分布的载荷也很重要。

(2)一般工程梁支承简单,计算简化也容易。而机翼在机身上的固定形式要复杂得多。此外,考虑到结构支承的弹性效应,精确计算中,应认为机身是一弹性支承。

前述各种外载在机翼结构中将引起相应的内力:剪力 Q、弯矩 M 和扭矩 M_t。现取如图 4-3 所示的机体坐标轴系,则剪力 Q_n 和 Q_h 分别表示沿 z 轴和 x 轴的分量。外载引起的弯矩分别为 M_n 和 M_h。此外,由于外载合力作用点一般与机翼结构各剖面的刚心不重合,所以还会引起相对于机翼刚心轴的扭矩 M_t(见图 4-4),这些统称为机翼的总体受力。因为机翼的升力很大,且作用在机翼刚度最小的方向上,而阻力相对于升力要小得多,且作用在机翼刚度最大的向弦平面内,所以在进行机翼结构受力分析时,常着重考虑气动载荷沿垂直于弦平面的分量 —— 升力引起的 Q_n,M_n 等。此时,机翼上剪力、弯矩和扭矩的分布如图 4-5 所示。

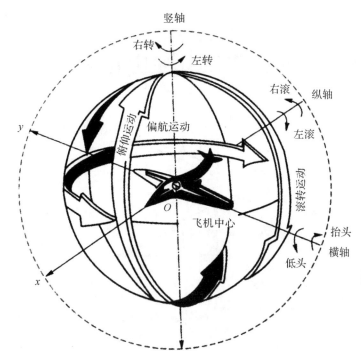

图 4 - 3　机体坐标轴系

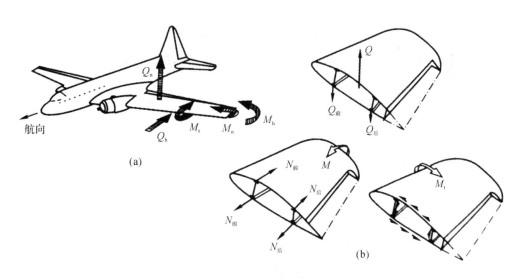

图 4 - 4　机翼上所受的力矩和剪力

（a）机翼的总体内力；　（b）与外载相平衡的总体内力

M_n— 由 Q_n 引起的、作用在垂直面内的弯矩；　M_h— 由 Q_h 引起的、作用在弦平面内的弯矩；　M_t— 扭矩

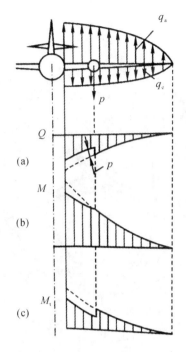

图 4 - 5　机翼的内力 Q, M, M_t 分布图

（a）机翼的剪力图；（b）机翼的弯矩图；（c）机翼的扭矩图

4.8　机翼结构的典型元件与典型受力形式

4.8.1　机翼结构的典型元件

机翼一般由下述典型元件组成：纵向元件有翼梁、长桁、墙（腹板），横向元件有翼肋（普通肋和加强肋），以及包在纵、横构件组成的骨架外面的蒙皮（见图 4 - 6）。

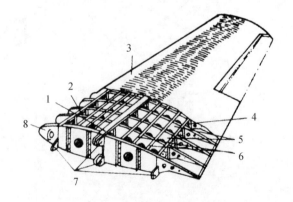

图 4 - 6　机翼的典型结构元件

1—翼梁；　2—前纵墙；　3—硬铝蒙皮；　4—后纵墙；　5—普通翼肋；　6—长桁；　7—对接接头；　8—加强翼肋

1.蒙皮

蒙皮的直接功用是形成流线形的机翼外表面。为了使机翼的阻力尽量小,蒙皮应力求光滑,为此应提高蒙皮的弯曲刚度,以减小它在飞行中的凹、凸变形。从受力看,气动载荷直接作用在蒙皮上,因此蒙皮受有垂直于其表面的局部气动载荷。此外,蒙皮还参与机翼的总体受力——它和翼梁或翼墙的腹板组合在一起,组成封闭的盒式薄壁梁,承受机翼的扭矩;当蒙皮较厚时,它常与长桁一起组成壁板,承受机翼弯矩引起的轴力。壁板有组合式或整体式(见图4-7)。某些结构形式(如多腹板式机翼)的蒙皮很厚,可从几毫米到十几毫米,常做成整体壁板形式,此时蒙皮将成为承受弯矩最主要的,甚至是唯一的受力元件。

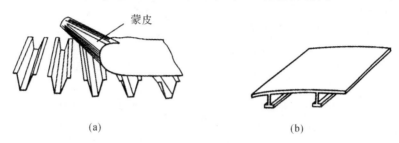

图 4-7　蒙皮
(a)金属蒙皮;　(b)整体蒙皮(整体壁板)

2.长桁(也称桁条)

长桁是与蒙皮和翼肋相连的元件。长桁上作用有蒙皮传来的气动载荷。在现代机翼中,长桁一般都参与机翼的总体受力——承受机翼弯矩引起的部分轴向力,是纵向骨架中的重要受力元件之一。除上述承力作用外,长桁和翼肋一起对蒙皮起支持作用。各种长桁如图4-8所示。

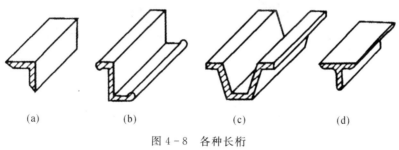

图 4-8　各种长桁
(a)L形;　(b)Z字形;　(c)W形;　(d)T形

3.翼肋

普通翼肋(见图4-9)的功用是维持机翼剖面所需的气动外形,一般它与蒙皮、长桁相连。当机翼受气动载荷时,翼肋以自身平面内的刚度向蒙皮、长桁提供垂直方向的支持。同时,翼肋又沿周边支持在蒙皮和梁(或墙)的腹板上。当翼肋受载时,由蒙皮、腹板向翼肋提供各自平面内的支承剪流。加强翼肋虽也有上述作用,但其主要是用来承受并传递自身平面内的较大的集中载荷或由于结构不连续(如大开口处)引起的附加载荷。

4. 翼梁

翼梁由梁的腹板和缘条（或称凸缘）组成（见图4-10）。翼梁是单纯的受力件，主要承受剪力 Q 和弯矩 H。在有的结构形式中，它是机翼主要的纵向受力件，承受机翼的全部或大部分弯矩。翼梁大多在根部与机身固接。

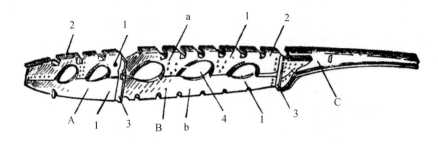

图4-9 腹板式翼肋

1—腹板；　2—周缘弯边；　3—与翼梁腹板连接的弯边；　4—减轻孔

A—前段；　B—中段；　C—后段；　a—上部分；　b—下部分

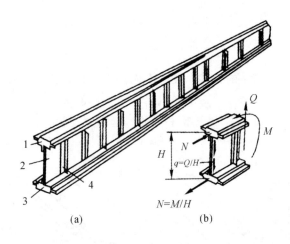

图4-10 翼梁

1—上缘条；　2—腹板；　3—下缘条；　4—支柱

5. 纵墙（包含腹板）

纵墙的缘条比梁缘条弱得多，但大多强于一般长桁，纵墙与机身的连接被看作铰接。腹板或没有缘条或缘条与长桁一样强。墙和腹板一般都不能承受弯矩，但与蒙皮组成封闭盒段承受机翼的扭矩。后墙则还有封闭机翼内部空间的作用（见图4-11）。

机翼的特点是薄壁结构，以上各元件之间的连接大多采用分散连接，如铆钉连接、螺栓连接、点焊、胶接或它们的混合形式，如胶铆等。连接缝间的作用力可视为分布剪流形式。

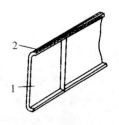

图4-11 纵墙

1—腹板；　2—很弱的缘条

最后,构成机翼结构的除以上基本元件外,还有机翼-机身连接接头,它是重要受力件。接头的形式视机翼结构的受力形式而定。连接接头至少要保证机翼静定地固定于机身上,即能提供 6 个自由度的约束。实际上一般该连接往往是静不定的。

4.8.2　机翼结构的典型受力形式

机翼在载荷作用下,由某些元件起主要受力作用。所谓机翼结构的受力形式,是指结构中这些起主要作用的元件的组成形式。各种不同的受力形式表征了机翼结构不同的总体受力特点。受力形式比相应的真实机翼结构简单得多。对于组成某受力形式的各主要受力元件(如翼肋、翼梁等),我们并不注意它们本身的具体构造,而是着重分析它们各自的受力作用。

典型受力形式有梁式、单块式、多腹板式及混合式等薄壁结构,此外,还有一些厚壁结构(如整体壁板式)的机翼。下面列举几种机翼典型受力形式的构造特点。

1. 梁式

梁式机翼的主要构造特点是纵向有很强的翼梁(有单梁、双梁或多梁等多种形式);蒙皮较薄,长桁较少且弱,梁缘条的剖面与长桁相比要大得多;有时还同时布置有纵墙。梁式机翼通常不做成一个整体,而是分成左、右两个机翼,即机翼常在机身的左、右侧边处有设计分离面,并在此分离面处,借助几个梁、墙根部传集中载荷的对接接头与机身连接(见图 4 - 6、图 4 - 10)。

2. 单块式

从构造上看,单块式机翼的长桁较多且较强,蒙皮较厚,长桁、蒙皮组成可受轴向力的壁板。当有梁时,一般梁缘条的剖面面积比长桁的剖面面积略大或与之接近,有时就只布置纵墙。为了充分发挥单块式机翼的受力特点,左、右机翼一般连成整体贯穿机身。但有时为了使用、维护方便,在展向布置有设计分离面。分离面处采用沿翼箱周缘分散连接的形式将机翼连为一体(见图 4 - 12)。

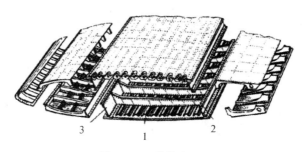

图 4 - 12　单块式机翼
1—长桁；　2—翼肋；　3—墙或梁的腹板

3. 多腹板式(多梁式)

这类机翼布置了较多的纵墙(一般多于 5 个);蒙皮厚(可从几毫米到十几毫米);无长桁;翼肋很少,但结合受集中力的需要,至少每侧机翼上要布置 3～5 个加强翼肋(见图 4 - 13)。当左、右机翼连成整体时,与机身的连接与单块式类似。但有的与梁式类似,分成左、右机翼,在机身侧边与之相连。此时往往由多腹板式过渡到多梁式,用少于腹板数的几个梁的根部集中对接接头在根部与机身相连。

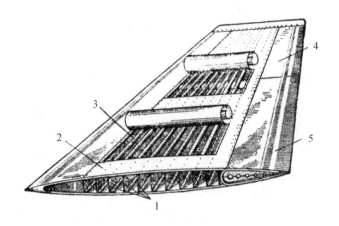

图 4-13 多腹板式机翼
1—纵墙; 2—蒙皮; 3—纵墙的缘条; 4—副翼; 5—襟翼

机翼的平面形状大致可分为直机翼、后掠翼、三角机翼和小展弦比直机翼 4 种,它们分别用于不同速度、不同类型的飞机上。例如,直机翼主要用于低速飞机上;后掠翼主要用于高亚声速和超声速飞机上,变后掠翼的飞机,机翼后掠角可在 20°～70°之间变化,以适应飞机低空低速、高空高速和低空高速的性能变化需要;三角翼和小展弦比直机翼用于超声速飞机上。不同类型平面形状的机翼,往往采用不同的机翼结构形式。即使是同一种类型的平面形状,其结构形式也由于飞机的具体设计要求不同而各异。

从现在实际机翼情况看,单纯的梁式机翼已很少采用,一般只用在低速或小型飞机上。速度较高的飞机很多采用带两三根梁的单块式翼盒结构或多梁厚蒙皮式结构。

虽然各种受力形式总体受力特点不同,但机翼结构中各元件的受力作用和传力过程又有很多共同点。因此,下节将对不同的受力形式的机翼进行传力分析,着重搞清结构中各元件的受力原理、作用,并与其他典型受力形式进行对比分析。

4.9 机翼典型受力形式的传力分析

4.9.1 传力分析(受力分析)的基本方法

传力分析(受力分析)的一般含义是,当支承在某"基础"上的一个结构受有某种外载时,分析这些外载是如何通过结构的各个构件,传递给支承它的"基础"。

传力分析主要是以工程梁理论为基础,对结构的传力规律进行的以定性为主的分析工作。虽然工程梁理论的基本假设(如细长梁假设)在有些具体结构不尽满足,但只要模型取得合理,能抓住主要矛盾,同时对某些局部区域进行必要的理论修正后,分析结果仍有相当的可靠性。而且用工程梁理论进行分析的物理概念清晰,尤其是对中、大展弦比机翼,有时还可作为初步定量分析之用。通过传力分析,可以较好地弄清各种结构中载荷的传递规律,为强度计算、受力构件布置等工作提供依据,以便设计出符合最小质量等要求的满意的结构。

实际机翼结构一般都是高度静不定的复杂结构。从受力的角度看,有主要部分(如主要受力翼盒)和主要元件或构件(如翼梁、翼肋、长桁、蒙皮和接头等),以及次要部分(如机翼后缘)和次要元件(如连接角片、垫片等)两大类。在结构分析、设计计算或强度校核时,均须进行必要且合理的简化,其目的是为了减少工作量。随着各阶段工作对计算精度要求的不同,所取的简化模型和简化程度有所不同。

1. 对实际结构进行传力分析的基本方法

(1)弄清楚结构所受的载荷最后应传向何处。通常分析机翼时,以机身为支持基础;分析机身时,以机翼作为支持基础。

(2)分清结构的主要和次要受力部分,主要和次要受力元件。首先着重研究在总体受力中占主导地位的受力部分和元件的受力传力作用,次要元件和次要部分通常可以略去。

(3)对主要元件的连接关系、连接方式进行详细了解,以便正确确定支持形式和传力方式。

(4)依次选取元件为分离体,按静力平衡条件逐步分析,这样才能反映出正确的传力路线。

(5)分析传力时,还须具备刚度概念。对静不定系统:

1)载荷分配与元件刚度有关,刚度大,分配到的载荷大;

2)载荷分配与支持刚度有关,刚性支持分配到的载荷大,弹性支持分配到的载荷小;

3)传力多少与传力路线的长度有关,传力路线短的元件,传走的力多。

(刚度概念对分辨主、次受力元件,选取计算模型,对静不定结构作近似设计计算,布置受力元件时有意识地分配载荷,控制传力路线等都很有用。)对结构中各元件之间的连接关系了解清楚,并合理简化成铰接、固接等集中连接或分散连接的典型连接形式。

上述简化一般应以偏安全为宜。

从结构的初始外载开始,依次取出各个部分或元件为分离体,按它们各自的受力特性合理简化成典型的受力构件,如盒式梁、平面梁、板和杆等;并根据与该部分结构相连的其他构件的受力特性及它们相互间的连接关系,由静力平衡条件,确定出各级分离体上的"外载"(作用力)和支承力,并画出各构件的内力图。这样,通过各级分离体图既可了解力在结构中的传递过程,又可知道各构件的传力功用和大致的内力分布。

2. 基本结构元件和结构的受力特性

飞机机体结构大多是薄壁结构,基本上由板、杆组成。各构件在结构中应根据它们的受力特性进行最佳组合,使它们分别承担最符合各自受力特性的载荷,这样才能使设计出来的结构质量轻。同样,在传力分析时,也应对各构件(元件)的受力特性进行合理地简化,比如哪些应作为板元,哪些应作为杆元或梁元。这样就能帮助了解各元件在结构受力中所起的主要作用,更好地分析结构受载后的传力路线。

判断一个构件(元件)能否传递这种或那种载荷,就要看该构件在此种载荷下是否满足强度要求,或者是否不致产生过大的变形(超过了容许的变形量)。该问题前面已经讨论过,下面进一步分析飞机上的各种典型构件的受力特性。

(1)杆。杆只能承受(或传递)沿杆轴向的分布力或集中力。机翼中的长桁、翼梁缘条就属此类元件。杆的抗弯能力很小,一般认为它不能受弯矩,或只能受很小的弯矩(如长桁上局部气动载荷引起的弯矩)。

(2)薄板。一块薄板适宜承受在板平面内的分布载荷,包括剪流和拉伸应力[见图 4 - 14 (a)(b)]。在薄板受压和受剪时,必须考虑稳定性问题。一般来说,当薄板没有加强件加强时,承压的能力比承拉的能力小得多,故粗略分析时常将它略去。同时要注意薄板不适宜受集中力。由于板的厚度较薄,很易撕裂,所以要传递板平面内的集中力就必须附加一构件,将集中力扩散成分布剪流,否则板不能直接承受此集中力[见图 4-14(c)]。机翼中的墙、翼梁和翼的腹板常简化成薄板。厚板则能直接承受一定的集中力,同时既可受剪,也可受拉压。

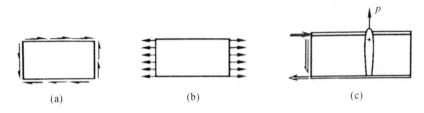

图 4-14 薄板受载情况

(a)薄板受剪; (b)薄板受拉; (c)薄板受集中力(应附加构件)

(3)平面板杆结构。它由处于同一平面内的板、杆组成,适宜承受作用在该平面内的载荷。因杆宜于承受轴向力,故可沿板杆结构中的杆件施加以沿杆轴方向的力。如果某一节点为两根不同方向的杆的交点,则可在此节点上施加以在该平面内任意方向上的集中力。

当由薄板与杆构成结构时,杆、板之间只能相互传递剪流[见图 4-15(a)]。因为若板将拉伸应力传给杆时,从图 4-15(b)可知,必定会使杆受到一横向载荷而引起弯矩,这将与杆不能承受弯矩的假设相矛盾。此外,三角形薄板不能受剪,但若为可受正应力的三角形厚板,板边又有合适的支持时,还是能受剪的。

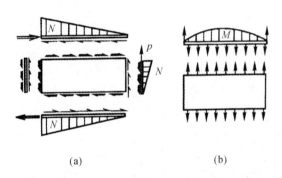

图 4-15 平面板杆结构的受载情况

(a)板、杆间只传递剪流,则杆只受轴向力; (b)板、杆间传递法向载荷,则杆将受弯矩

飞机结构中最常见的板杆结构是由长桁加强的蒙皮壁板结构(见图 4-16),这种结构能受拉伸、压缩和剪切载荷。为了计算方便,根据蒙皮的厚度不同可简化成不同的模型。常用的一种模型是将板(蒙皮)承受拉压的能力合并到杆(长桁)中去,即仍简化为受剪板和受轴力杆。

(4)平面梁。平面梁可以是薄壁结构组合梁(见图 4-10),也可以是整体梁[见图 4-17(c)]。它适于承受梁平面内的载荷。图 4-17(a)所示为一由腹板和上、下缘条组成的薄梁。在传力分析中,可以近似认为腹板只受分布剪流形式的剪力;而缘条作为杆元受轴向力,上、下两缘条分别受拉和受压,即可承受梁平面内的弯矩。中空的平面环形框也是平面梁的一种[见图 4-17(b)]。

(5)空间薄壁结构与厚壁筒。厚壁筒与空间薄壁结构(如带腹板的封闭周缘的薄壁梁、盒式结构等)经过合理的安排,可承受空间任意方向的力(见图 4-18)。

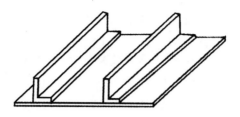

图 4 - 16　蒙皮、长桁组成的壁板结构

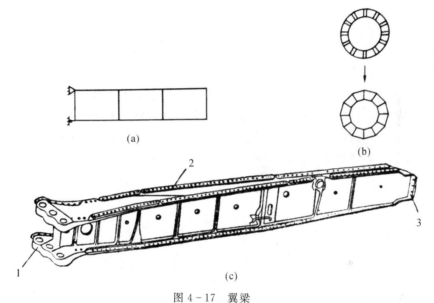

(a)

(b)

(c)

图 4 - 17　翼梁

（a）平面薄壁梁；　（b）框；　（c）整体翼梁

1—机翼与机身的对接接头；　2—垫板；　3—与前墙腹板连接处

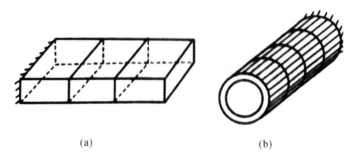

(a)

(b)

图 4 - 18　空间薄壁结构

（a）空间盒式结构；　（b）封闭周缘薄壁梁

通过对上述一些基本结构元件和某些简单结构的受力特性分析，会注意到以下几点：

（1）各构件的受力特性都是相对于结构所能够受力的大小和变形要求而言的。即在通常需承受的载荷数值下构件不破坏，或在满足结构效率下变形不超过允许值，就认为它能承受并传递此力，反之就认为不能承受和传递。

　　了解了各种构件的受力特性后,在传力分析时,就可按各自的受力特性合理简化各构件、元件(如对梁的缘条可简化为杆元处理,忽略其承弯能力),这样既可使分析工作大大简化,又不致引起太大的误差。

　　(2)结构能承力的条件。一个结构由很多构件组成,当考虑一个结构的受力特性时,不仅了解组成它的各个构件本身的受力特性是否适宜承受某种力,还要考虑构件之间力的传递。即某种载荷能否传到此构件上(传入),以及是否又能从此构件传到另外一些构件上(传出),最后能否传到支承该结构的基础上(传至基础),必须同时满足这3个条件。

　　(3)静不定结构受力时的刚度分配法。这里所说的刚度是指元件(构件)的结构刚度,是指元件在载荷作用下抵抗变形的能力,即元件产生单位变形所需的外载值。一个结构有各种变形,如伸长、转角或扭角等,则对应的就有拉伸刚度、弯曲刚度和扭转刚度。在静定结构中,力在各元件中的分配是确定的,它们只和各元件(或支座)及作用力的相对几何位置有关;静力平衡条件即可确定各元件的内力。而静不定结构,除去静力平衡方程外,还必须同时根据变形协调条件才能求出各元件所受的力,即力的分配还与各元件本身的刚度和支承条件有关。在一定条件下(如机翼变形符合平剖面假设),结构中各个元件可直接按照其本身刚度的大小来分配它们共同承担的载荷,这种正比关系称为“刚度分配法”。在定性分析中,往往应用刚度分配法来研究力在静不定结构中的传递规律。

4.9.2　机翼各典型元件的受力功用

　　现在将机翼各典型元件的受力功用总结如下:

　　1. 蒙皮

　　蒙皮起承受气动载荷和维持机翼外形的作用。在总体受力时,它主要用来承受扭矩引起的剪流;现代高速飞机由于蒙皮较厚,因此还不同程度地以受轴力的形式参与承受机翼的弯矩,此时蒙皮将在其自身平面内同时受有较大的正应力和剪应力,处于复杂应力状态。

　　2. 翼肋

　　普通肋不参与机翼的总体受力,它的主要功用是承受局部气动载荷和维持剖面形状。翼肋作为长桁的支点,还承受长桁传来的局部气动载荷,还为防止长桁以及蒙皮受压总体失稳提供横向支持。除此之外,加强肋还有以下两个功用:一是用来承受其他部件传来的集中载荷,将它扩散成分布剪流,传到由梁和蒙皮组成的翼盒上;二是可以将某种形式的分布剪流转换成另一种形式的分布剪流(如大开口处的端肋、梁式机翼的根肋就属此类)。

　　从前面分析可知,在机翼传力中翼肋通常是个很关键的元件,它经常用来转换载荷形式、方向,使之成为适宜翼盒主要受力元件(蒙皮、梁、墙)受力特性的载荷,然后通过这些元件将载荷传往机身。

　　3. 翼梁和墙

　　翼梁的主要外载是由各肋传来的剪力 ΔQ_i。翼梁固支在机身上,由机身提供支反力和支反弯矩(如果梁左、右贯通,则当机翼处于对称载荷状态时,弯矩在梁上自身平衡,不传到机身上)。所以翼梁的主要功用是承受(或叫传递)机翼的剪力 Q 和弯矩 M。梁的缘条(凸缘)承受弯矩引起的轴力,腹板承受剪力 Q。梁缘条受轴向压力时,由于在蒙皮平面内有蒙皮支持,在翼梁平面内有腹板支持,所以一般不会产生总体失稳,但须考虑其局部失稳问题。

　　纵墙和翼梁腹板的作用类似。因为墙本身不能承受弯矩,而只能以受剪板形式受载,所以在梁式机翼中(又假设蒙皮不受正应力),它和翼梁腹板、蒙皮一起,作为翼盒的一部分,只能用以承受扭矩引起的剪流。但在多腹板式机翼中,因蒙皮能承受正应力,可直接向腹板(墙)提供轴向支反剪流,此时腹板将承受由蒙皮直接传来的气动载荷(其合力为 ΔQ_i)。

4. 长桁

长桁承受局部气动载荷,并对蒙皮起支持作用。在现代机翼中,长桁一般都参加总体受力,此时它的主要功用是承受机翼弯矩引起的轴向力。长桁作为杆元,受压后可能产生总体失稳和局部失稳。在考虑总体失稳时,由蒙皮和翼肋分别在各自平面内对长桁提供支持。

4.9.3　各典型受力形式结构受力特点的比较

不同的受力形式,其结构元件的受力功用有所不同。机翼结构受力形式的发展主要与飞行速度的增长有关。速度的增加促使了机翼外形改变并提高了对结构强度、刚度、外形(气动外形和表面质量)的要求。比较梁式、单块式和多腹板式的受力特点可以发现,单纯的梁式机翼,薄蒙皮和弱长桁均不参加机翼总体弯矩的传递,只有梁的缘条承受弯矩引起的轴力。高速飞机的气动载荷增大,而相对厚度减小又导致了机翼结构高度变小,只靠梁来承受将使承弯构件的有效高度减小,加之对蒙皮局部刚度和机翼扭转刚度要求的提高,促使蒙皮增厚,长桁增多、增强。因此,在单块式、多腹板式机翼中,蒙皮、长桁乃至主要是蒙皮发展成为主要的承弯构件。由于蒙皮、长桁等受轴力的面积较之梁缘条更为分散、更靠近外表面,故承弯构件有效高度较大,因此厚蒙皮翼盒不仅承扭能力较高,抗弯特性也较好,此种机翼结构一般说来材料利用率较高。在承受总体力中的剪力和扭矩时,几种形式中各元件的作用基本相同。

梁式机翼中翼梁是主要受力构件。由于翼梁之间的跨度较大,所以便于利用机翼的内部空间;与其他结构受力形式相比,梁式机翼便于开口(如收藏起落架等)而不致破坏原来的主要传力路线;机翼、机身通过几个集中接头连接,所以连接简单、方便。梁式机翼主要是依靠翼梁承受弯矩。

单块式机翼的上、下壁板成为主要受力构件。这种机翼比梁式机翼的刚度特性好(这点对后掠机翼很重要)。同时,由于结构分散受力,能更好地利用剖面结构高度,因而在某些情况下(如飞机速度较大时)材料利用率较高,质量可能较轻。此外,单块式机翼比梁式机翼生存力强。它的缺点是不便于开口。为了充分发挥单块式的传力特点,在它的设计分离面处必须采用周缘连接形式(见图 4-19),这种连接形式的构造复杂,装配工艺也比较困难。单块式机翼应尽量设计成整体贯通机身。然而当飞机为中单翼布局时,往往由于机身内部布置的限制,机翼难以贯通机身,而只能用几个集中接头与机身在其侧边相连,此时势必会使翼根处的一部分材料不能充分利用,致使质量有所增加。

多腹板式机翼主要由上、下厚蒙皮承受弯矩。它与梁式、单块式机翼相比,材料分散性更大。一般来说,多腹板式机翼的刚度大,材料利用率也更高些,然而也存在类似单块式机翼的缺点。

必须注意的是,如果笼统地、简单地对以上几种受力形式的优、缺点作比较是不合适的。由于它们受力的形式有所不同,所以针对不同的机种(如教练机、歼击机或旅客机),要求达到的飞行速度就可能不同,机翼的外形几何参数也会不同,还有其他很多因素的影响,那么就有可能对一个具体飞机来说,采用梁式较好,而对另一飞机就可能采用单块式更好些。这里所说的好坏,主要是指在满足同样设计要求的前提下,机翼的结构质量最轻。

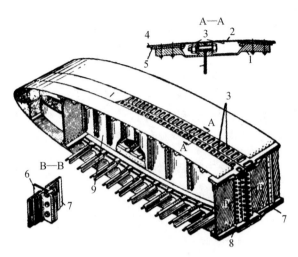

图 4-19　周缘连接接头

1—对接接头；　2—可拆盖板；　3—孔；　4—蒙皮；　5—垫片；

6—翼肋腹板；　7—翼梁腹板；　8—翼梁的对接角材；　9—加强翼肋

4.10　气动弹性问题概述

由气动力和弹性力的相互作用而引起飞机部件可能破坏或失效的各种典型问题,统称为气动弹性问题。气动弹性问题与结构刚度有关,但涉及的范围要比刚度问题广泛得多。气动弹性问题有机翼的扭转扩大,副翼的操纵反效(或失效),机翼、尾翼、机身的颤振,等等。

扭转扩大是扭转变形由小到大单调地增加,导致结构破坏。操纵反效是由于副翼或舵面在操纵时所产生的气动力,导致与它相连的机体结构(机翼或安定面)有较大的变形,引起操纵失效或反效。以上两者统称为静气动弹性问题。至于颤振,其变形是振动扩大的,与加速度、惯性力有关,所以称之为动气动弹性问题。

4.10.1　机翼的扭转扩大

1. 扭转扩大的基本概念

取机翼的一个典型剖面(见图 4-20)。此剖面上有 3 个重要的点:剖面的气动力焦点、重心及刚心(指扭转时绕该刚心转动)。由于是静气动弹性问题(即加速度很小,惯性力可以略去),所以只讨论气动力与弹性力的作用。

亚声速飞行时,焦点在剖面弦长的 $25\% \sim 28\%$ 处,刚心一般在弦长的 $38\% \sim 40\%$ 处,也即焦点在刚心前(见图 4-20)。假设机翼以迎角 α_0 使飞机处于稳定平飞中,突然有一扰动上升气流(所谓扰动指瞬间有一上升气流,过后即消失)导致迎角有一增量 $\Delta\alpha$(即 $\alpha = \alpha_0 + \Delta\alpha$),引起附加的升力 ΔL。此 ΔL 作用于焦点而不作用于刚心上,

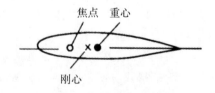

图 4-20　机翼三心位置

使该剖面瞬间附加了扭转变形 $\Delta\theta$。在此扰动消失后,扭转变形的发展有两种可能性:一为即使扰动上升气流消失,此附加扭转变形仍愈来愈大,导致结构破坏,此即为扭转扩大;二为在扰动上升气流消失后,此附加扭转变形愈来愈小,最后消失。现在具体分析一下发展过程(见图 4-21)。由 $\Delta\theta$ 引起该机翼剖面的迎角增加 $\Delta\alpha$,因此气动力升力有一个增量 ΔL。此力作用在焦点上,对刚心产生一个使扭转变形进一步增大的气动力距 $M_a = \Delta L d_a$。由 $\Delta\theta$ 引起的弹性恢复力矩 M_k 将使附加扭转变形减小。若 $M_a > M_k$,则扭转变形愈来愈大,形成扭转扩大;若 $M_a < M_k$,则附加扭转变形愈来愈小,以致消失。由于气动力矩与飞行速度的二次方成正比,而弹性恢复力矩与飞行速度无关,所以有一个临界速度。

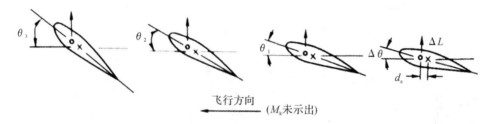

图 4-21　机翼扭转扩大示意图

超声速飞行一般不会出现扭转扩大,因为此时焦点已显著后移。

由于弹性恢复力矩与机翼扭转刚度成正比,所以提高机翼扭转刚度对防止扭转扩大是有好处的。

从图 4-22 可知,后掠机翼对防止扭转扩大有利,前掠机翼则相反。

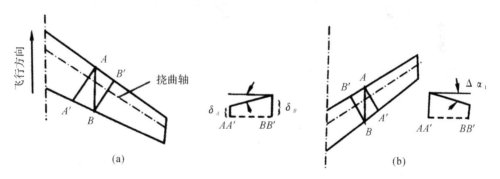

图 4-22　前、后掠机翼,弯曲引起顺气流剖面向不同方向偏转
(a) 由于后掠引起的附加负迎角 $\Delta\alpha_b$;　(b) 由于前掠引起的附加正迎角 $\Delta\alpha_f$

2. 防止扭转扩大的措施

后掠机翼一般主要考虑防止副翼反效,而不需要考虑防止扭转扩大。亚声速飞机的大展弦比直机翼则两方面都需要考虑。亚声速前掠机翼一般不须考虑副翼反效,而着重考虑防止扭转扩大。防止扭转扩大可以将刚心前移,也可以提高机翼的刚度。对于直机翼,防止扭转扩大只须提高扭转刚度;对于前掠翼,则增加弯曲刚度对防止扭转扩大也是有好处的,因为机翼挠曲轴的弯曲变形将引起顺气流翼剖面有不利的附加扭转角。

飞机为了防止机翼扭转扩大,采取了一个较特殊的措施(见图 4-23),机翼主抗扭盒前移,使剖面刚心前移,因此就不容易发生扭转扩大。

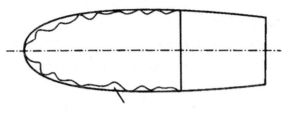

图 4 - 23   刚心前移

4.10.2   副翼反效

副翼和舵面都有操纵反效的问题,现以副翼为例进行讨论。当为了使某侧机翼产生附加升力而使副翼下偏 δ 角时,若机翼为绝对刚硬,则由于副翼下偏所影响的单位宽度机翼翼段将增加升力 ΔL_a。但实际上机翼仅有有限的刚度,机翼刚心又远在 ΔL_a 合力作用点之前,故由 ΔL_a 引起的力矩 $M_a = \Delta L_a d'_a$ 将使该翼段产生前缘向下的扭转变形。这相当于减少翼段迎角,又将使升力减少 ΔL_k。若 $\Delta L_k > \Delta L_a$,则操纵副翼下偏时,反而引起向下的负升力,即操纵反效了(见图 4 - 24)。实际飞机当然不但不应操纵反效,而应保持有一定效率的正常操纵。由于可近似认为所需的操纵力不随飞行速度而变,而 ΔL_k 却大致与飞行速度的二次方成正比,因此有一副翼反效的临界飞行速度。

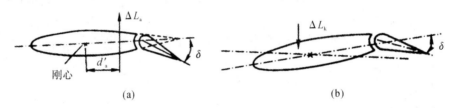

图 4 - 24   副翼反效示意图

(a)先假设机翼为绝对刚硬;   (b)再考虑机翼的扭转变形

副翼反效在大展弦比后掠机翼上较严重。这是因为展弦比愈大,对刚度愈不利;而后掠翼弯曲引起顺气流翼剖面的附加扭角,也产生不利于操纵的附加气动力。此时可在高速时改用内副翼或扰流片,也可增加机翼的扭转刚度和弯曲刚度,当然主要还是扭转刚度。三角机翼翼尖部分的机翼剖面尺寸特别小,故需特别注意翼尖处的扭转刚度。因此,三角机翼在翼尖处都是截头的,即翼尖并非真正尖的,而是截去一块;而副翼也不一直伸到翼尖,而是往内移一些。这都是为了刚度问题而采取的措施。

4.10.3   颤振

颤振是一种振动发散,须考虑变形引起的加速度,即须考虑惯性力,故重心位置在颤振中起很大作用。

颤振基本上分两种类型:一为机翼的弯扭颤振,即由机翼的弯曲变形与扭转变形交感而产生的振动发散;二为副翼的弯曲颤振,即由副翼的偏转与机翼的弯曲变形交感而产生的振动发散。舵面等都可发生颤振。

1. 机翼弯扭颤振

取一个典型翼剖面,剖面上的 3 个点通常这样排列:焦点(亚声速飞行时)最前,刚心则位于重心前不远处(见图 4-20)。通常焦点在弦长的 25%～28% 处,刚心在弦长的 38%～40% 处,重心在弦长的 42%～45% 处。可用图 4-25 说明弯扭颤振的物理概念。

先看图 4-25(a),翼剖面没有受到扰动的位置为 2。假设该剖面受到一扰动,使其位置从位置 2 移至位置 0。现分析此扰动消除后,翼剖面在弹性力、惯性力、气动力作用下的运动情况。扰动一消失,由机翼弯曲引起的弹性力将使该剖面向上运动。弹性力是始终向着原始平位置方向的,且偏离距离愈大,弹性力愈大。从位置 0 到位置 2,弹性力从最大到零,故向上加速度也由最大到零。在这一段运动中,由于加速度向上,作用在重心上的惯性力 F_i 向下,因此相对于刚心产生了抬头力矩,此惯性力矩使剖面产生增加迎角的扭转变形。迎角的增加引起附加的气动力 ΔL_a,此 ΔL_a 对刚心形成的气动力矩使翼剖面进一步抬头。到位置 2 时,弹性力为零,加速度也为零,但其向上速度达到最大。从位置 2 再向上移动时,弹性力方向改为向下,加速度方向也向下,向上的速度逐渐减小;至位置 4 时,速度为零。在从位置 2 到位置 4 时,惯性力向上,惯性力矩使翼截面低头,附加的向上气动力则逐渐减小;在位置 4 时,翼剖面又无扭转变形,此时速度为零,但向下弹性力最大,向下运动状况如图 4-25(b)所示。图 4-25(c)则将飞行距离结合进来,看起来就更形象化。图中画的是颤振的临界状态,即机翼的弯曲(或扭转)变形既不振动发散,也不振动衰减,而是保持为常振幅振动。

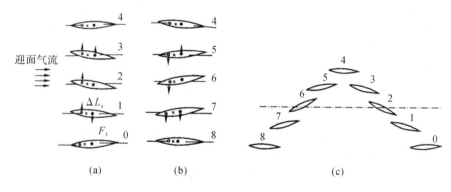

图 4-25　机翼弯扭颤振示意图

(a)向上运动;　(b)向下运动;　(c)结合飞行距离示出

在翼剖面上 3 个点的前后运动关系如图 4-25 所示时,由惯性力矩导致的扭转变形所引起的附加气动力是激振力,它与速度的二次方成正比;而气动阻尼力一般与速度成正比,故存在着颤振临界速度。

提高机翼(或全动尾翼)弯扭颤振临界速度的有效措施是尽量使重心前移,并加适当的配重。配重一般放在翼尖前,伸向前方是为了使同样质量的配重发挥更大的效率,但配重必须有很好的连接刚度以保证其能发挥作用,因此其连接处是远超过其本身强度要求的。将配重放于翼尖处,是由于翼尖处弯曲挠度最大,所以其加速度最大,配重的效率高。提高扭转刚度能减少不利的扭转变形,也是有好处的。现代飞机上也可考虑加上阻尼器或颤振主动控制。

2. 副翼弯曲颤振

在分析副翼弯曲颤振时,只考虑副翼转轴偏转的自由度,而略去副翼本身的结构变形;机翼只考虑弯曲变形而略去扭转变形。图4－26示出副翼弯曲颤振的临界状态。此时对副翼剖面来讲,涉及两个特征点的位置:一为副翼的转轴位置,二为副翼剖面的重心位置。图示情况为重心位于转轴后,因此副翼惯性力使副翼偏转引起的附加气动力是激振力。

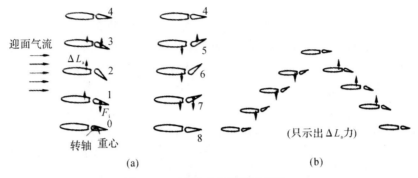

图4－26　副翼弯曲颤振示意图
(a)上下偏离情况; (b)结合飞行距离示出

　　提高副翼弯曲颤振临界速度的措施是使副翼结构本身的重心尽量前移,并加以适当的配重。

　　以上只讨论了两种两个自由度的颤振,这虽是简化的情况,但却是机翼的主要情况。对于全动平尾、安定面和舵面,还必须考虑机身自由度在内,机身有两个方向的弯曲变形及一个扭转变形的自由度。

4.11　总　　结

　　本章主要学习了固定翼升力以及操作舵面装置结构和受力状况,机翼和尾翼的功用以及它们的设计要求,机翼尾翼的组成部件的受力情况,最后还讲述了气动弹性问题的3类表现以及这些问题的解决方法。通过本章学习,学生应掌握固定翼飞机结构设计的结构力学基础,为后期无人机结构设计提供理论基础,学生应掌握机翼各部件的受力情况及其功能。

4.12　课 后 习 题

一、选择题

1.定直平飞的过载是(　　)。

A.过载系数大于1　　　　　　　　　　B.过载系数小于1

C.垂直载荷处于平衡状态　　　　　　　D.过载系数等于1

2.按机动分类,关于甲类飞机的说法正确的是(　　)。

A.可以完成全部机动动作的飞机　　　　B.可以完成部分机动动作的飞机

C.不能作机动飞行的飞机　　　　　　　D.过载极限值为 $n_{min}=-2$, $n_{max}=4$

3.某种飞机的设计过载系数为4.5,实际过载系数为3,则该飞机的安全系数是(　　)。

A.1　　　　　　　B.1.5　　　　　　　C.2　　　　　　　D.2.5

4. 飞机设计规范中按机动性分为甲、乙、丙三类飞机,其中甲类的极限过载系数为(　　)。

A. $n_{min}=1,n_{max}=8$

B. $n_{min}=-3,n_{max}=8$

C. $n_{min}=-3,n_{max}=4$

D. $n_{min}=-1,n_{max}=8$

5. 机翼的外载不包括(　　)。

A. 空气动力载荷

B. 其他部件、装载传来的集中载荷

C. 平飞载荷

D. 机翼结构的质量力

6. 外载在机翼结构中将引起相应的内力,包括(　　)。

A. 剪力　　　　　　B. 重力　　　　　　C. 扭矩　　　　　　D. 弯矩

7. 机翼由(　　)等构件组成。

A. 蒙皮　　　　　　B. 翼肋　　　　　　C. 纵墙　　　　　　D. 翼梁　　　E. 长桁

8. 复合材料的独特性有(　　)。

A. 密度低

B. 强度和刚度高

C. 抗疲劳性能好

D. 减震性能好

9. 飞机结构设计的基本要求有(　　)。

A. 气动要求

B. 强度、刚度、寿命、可靠性和质量要求

C. 使用维护要求

D. 工艺性要求及成本要求

10. 高速气流不包括(　　)。

A. 亚声速气流　　　B. 高亚声速气流　　　C. 声速气流　　　　D. 超声速气流

11. 关于飞机结构设计时对气动要求叙述错误的是(　　)。

A. 满足规定的外形准确度要求和表面质量要求

B. 这些要求主要与气动阻力和升力特性有关

C. 机翼、尾翼与机身不容许有过大的变形

D. 符合设计师的设计理念

12. 飞机结构设计的前提要求是指(　　)。

A. 气动和使用要求

B. 质量要求

C. 成本要求

D. 工艺要求

二、简答题

1. 机翼翼肋的作用是什么? 主要承受什么力?

2. 简述机翼受力的特征。

3. 什么叫气动弹性问题,主要表现在哪些方面? 这些问题如何解决?

4. 飞机主要的结构材料有哪些?

5. 飞机设计规范对材料刚性要求的目的是什么?

6. 机翼的主要组成元件有哪些?

7. 机翼的外载有哪些?

第5章 机身结构分析

5.1 课前预习

在书中找到答案

(1)机身的功用有哪些?

(2)机身的设计要求有哪些?

(3)机身上的外载有哪些类型?

(4)机身框平面的传力流程是怎么样的?

(5)机身结构的典型受力形式有哪些?

5.2 机身结构分析概述

机身与机翼都是薄壁结构,其结构构成的基本原理完全一样,设计要求也基本相同,所以机翼结构受力分析的原则也适用于机身。本章在机翼结构分析的基础上,考虑机身结构的特点,讨论机身的受力分析。

机身的特殊性,首先表现在它的使用要求在设计中占有重要地位,因而对结构布置的影响较大;其次是机身的设计外载荷主要是集中力(机翼、尾翼主要是分布气动力);最后则是协调关系多,各类大、中、小开口多。这三方面的特殊性决定了机身结构比较复杂。另外,从机身结构的几何参数看,机身截面大多为圆形或近似圆形。与机翼比较,机身的相对载荷较小,所以在选择机身结构受力形式和结构元件构造形式时,与机翼有所不同。

本章所讲内容:

(1)机身的功用;

(2)机身结构的传力方式;

(3)机身设计的要求;

(4)机身的主要典型元件的布局。

5.3　机身的功用、内部布置和设计要求

5.3.1　机身的功用

机身是飞机的一个重要部件。它的主要功用如下：

(1)安置空勤人员、旅客,装载燃油、武器、设备和货物等。

(2)把机翼、尾翼、起落架(歼击机一般还有发动机)连接在一起,形成一架完整的飞机。这些部件通过固定在机身上的接头,把作用在各部件上的载荷传到机身上,与机身上的载荷一起达到受力平衡,因此机身是整架飞机的受力基础。

5.3.2　机身的内部布置

机身的内部布置了各种装载。如图 5-1 所示为某强击机的部位安排情况。

内部布置时,应将各装载、燃油等合理地布置在机身内,同时协调机身与机翼、尾翼、起落架等部件的受力结构。有效载重的布置应使它们所处的位置满足其本身的技术条件要求。如前方搜索雷达天线要求安排在机身最前端;燃油及炸弹应尽可能置于飞机重心附近,以期达到不因燃油的消耗及炸弹的投放而使飞机重心变化超出规定的范围等。除位置要求外,还必须满足各种装载的使用、检测、维护和更换等要求。如空勤人员和旅客进出、货物装卸、炸弹投放等都需在机身上开很大的舱门;设备、附件等要经常检测、维护,有些是每一个起落都要检查。这就需要创造条件,便于方便地接近它们。在大型飞机上,绝大部分可从机舱内部接近;但在歼击机上,却必须在机身壳体上开很多大小不一的检查窗口。对于按损伤容限要求设计的结构,要考虑可检测性。

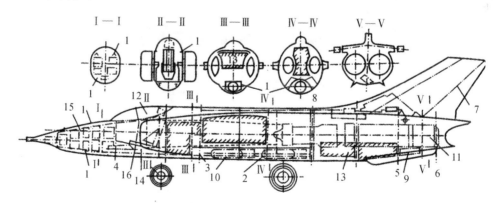

图 5-1　某强击机机身内部布置与主要受力构件布置

1—前机身桁梁；　2—与机翼主梁对接加强框(24 号框)；　3—与机翼前梁对接的 17 号加强框；

4—其他加强框(8,12,13,16,20,25,29,30 号框)；　5—与全动平尾转轴连接的 41 号加强框；

6—水平尾与垂尾安定面相连接的 44 号加强框；　7—垂尾安定面后梁轴线；　8—机身设计分离面；

9—减速伞舱；　10—炸弹舱；　11—发动机；　12—驾驶员座舱；　13—油箱舱(前后共 4 个)；

14—前起落架舱；　15—设备舱；　16—座舱地板

5.3.3 机身结构的设计要求

飞机结构设计一般性要求都适用于机身结构,只是机身的功用与机翼、尾翼有不同的侧重点,所以在设计要求上也有不同侧重点。

(1)机身必须满足各种装载根据本身的特殊需要提出的众多的使用要求,并应与机翼、尾翼等相连部件的主要受力构件的布置、连接点位置进行总体协调,这与减轻飞机总质量有关。

(2)机身应有足够的强度,以保证机身结构在预定的使用期限内,承受强度规范中规定的各种载荷而不破坏。

(3)机身应有足够的刚度。机身结构受载后的总变形与局部变形都应在规范或战术/使用技术要求允许的范围之内。机身的总体刚度直接影响着尾翼的效率和尾翼颤振特性;机身结构局部变形过大,对阻力特性不利。

(4)机身应有足够的开敞性以便于维修。开敞性直接影响飞机的维修性,而维修性的好坏与飞机的利用率及运营成本等均有关。相对于机翼、尾翼等部件,由于机身内装载多,本身结构复杂,所以这一要求对机身结构就更为突出。

(5)机身结构的质量应尽可能轻。

(6)机身结构应有良好的工艺性,生产成本要低。

机身基本不产生升力,所以气动力方面主要是要求阻力小,机身一般做成细长的流线体,并希望外形光滑、尽量少突起等。

机身结构的设计要求也往往是矛盾的。比如驾驶舱为了满足驾驶员的视界要求,座舱盖常凸出机身外形,引起阻力增大。但为了满足使用要求,只好在气动要求上做些让步。又如机身上的各种大、小开口,破坏了机身结构的完整性,而进行补强必定会增加质量,但为满足各种使用或维修要求不得不在质量上做出牺牲。

5.4 机身的外载和受力特点

5.4.1 机身上的外载

机身上的外载主要有以下 4 种。

1. 空气动力载荷

由于机身基本上为对称流线体,所以机身上除局部区域外,气动载荷都较小,只有在头部和一些曲度较大的突出部位(如座舱盖)等处局部气动载荷较大,因此空气动力应作为这些部位的主要设计载荷之一。机身分布气动力对机身的总体载荷基本没有影响(见图 5-2)。

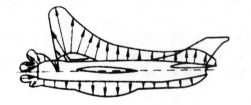

图 5-2 机身表面压力分布(对称情况)

2. 质量力

机身内的装载与机身结构本身都会产生质量力,其中尤其以各种装载的质量力影响较大。沿轴线各点上的过载大小与方向不一定相同,故也会影响到质量力的大小与方向。质量力有的为集中力形式(如装载通过集中接头连到机身结构上时),有的为分布力形式(如客舱、货舱内载重的质量力)。

3. 其他部件传来的载荷

这里主要指在飞行或起飞着陆滑跑中由机翼、平尾、垂尾或起落架上传来的载荷。若发动机安装在机身上,则还有发动机推力和陀螺效应产生的集中力。

4. 增压载荷

它在机身增压舱部分自身平衡而不影响机身的总体载荷。

由于机身的特殊性,上述 2,3 项对机身结构是主要的外载荷。

5.4.2　机身的总体受力特点

机身上的全部载荷在机翼处得到平衡,因此可把机身看成是支持在机翼上的双支点(或多支点)外伸梁。根据各种设计情况下的载荷,机身会产生在垂直对称面内和水平面内的弯曲以及绕机身轴线的扭转,相应地在机身结构中引起两个平面内的剪力、弯矩和绕 z 轴的扭矩等内力(见图 5-3)。

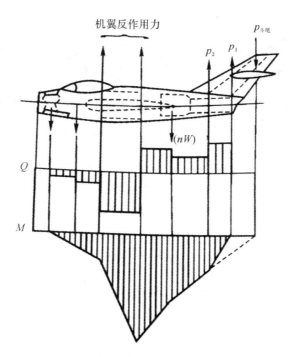

图 5-3　机身对称平面内外载及内力

综上所述,机身的受力一般说与机翼很相似。但对机翼,水平载荷较其垂直载荷(如升力)小得多,而机翼结构在水平方向的尺度较垂直方向大,所以在结构分析时,常略去水平载荷。对于机身,垂直方向和水平方向的载荷为同一数量级,且机身结构在这两个方向上的尺度又相差不大,因此在机身结构分析时,两个方向上的载荷都要考虑。

5.5 机身典型结构形式的传力分析

5.5.1 机身结构的组成元件及其功用

现代飞机的机身结构是由纵向元件(沿机身纵轴方向)——长桁、桁梁,垂直于机身纵轴的横向元件——隔框以及蒙皮组合而成的。机身结构各元件的功用相应地与机翼结构中的长桁、翼肋、蒙皮的功用基本相同。

1. 隔框

隔框分为普通框与加强框两大类。

普通框用来维持机身的截面形状。一般沿机身周边空气压力为对称分布[见图 5-4 (a)],此时空气动力在框上自身平衡,不再传到机身的其他结构上去。普通框一般设计成环形框(见图 5-5)。当机身为圆截面时,普通框的内力为环向拉应力;当机身截面有局部接近于直段时,则普通框内就会产生弯曲内力。此外,普通框还受到因机身弯曲变形引起的分布压力 p_1 [见图 5-4(b)(c)], p_1 是自身平衡的。普通框还对蒙皮和长桁起支持作用。隔框间距影响长桁的总体稳定性。

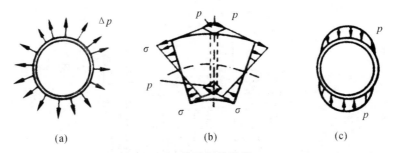

(a)   (b)   (c)

图 5-4 普通框的载荷

(a)空气压力载荷; (b)机身弯曲变形引起的压力 p_1; (c)压力 p_1 的分布

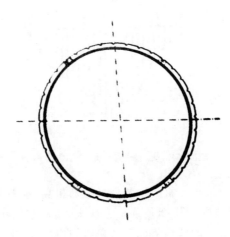

图 5-5 普通隔框

　　加强框除上述作用外,其主要功用是将装载的质量力和其他部件上的载荷,经接头传到机身结构上的集中力加以扩散,然后以剪流的形式传给蒙皮。加强框将在 5.6 节中讨论。

　　2. 长桁与桁梁

　　长桁作为机身结构的纵向构件,在桁条式机身中主要用以承受机身弯曲时产生的轴力。另外,长桁对蒙皮有支持作用,提高蒙皮的受压、受剪失稳临界应力;它承受部分作用在蒙皮上的气动力并传给隔框,与机翼长桁的作用相似。

　　3. 蒙皮

　　机身蒙皮在构造上的功用是构成机身的气动外形,并保持表面光滑,所以它承受的载荷为局部空气动力。蒙皮在机身总体受载中起很重要的作用,它承受 Oxy,Oxz 两个平面内的剪力 Q_y,Q_z 和扭矩 M_t(绕 x 轴),同时和长桁等一起组成壁板承受两个平面内弯矩引起的轴力,只是随构造形式的不同,机身承弯时它的作用不同。

5.5.2　机身结构的典型受力形式

　　1. 桁梁式

　　桁梁式机身的结构特点是有几根(如 4 根)桁梁,桁梁的截面积较大[见图 5 - 6(b)]。在这类机身结构上长桁的数量较少而且较弱,甚至长桁可以不连续;蒙皮较薄。这种结构的机身,弯曲引起的轴向力主要由桁梁承受,蒙皮和长桁只承受很小部分的轴力;剪力则全部由蒙皮承受。从受力特点可以看出,在桁梁之间布置大开口,不会显著降低机身的抗弯强度和刚度。虽因大开口会减小结构的抗剪强度与刚度而必须补强,但相对桁条式和硬壳式来说,同样的开口,桁梁式补强引起的质量增加较少。

　　2. 桁条式

　　桁条式机身的特点是长桁较密、较强,蒙皮较厚[见图 5 - 6(a)]。此时弯曲引起的轴向力由桁条与较厚的蒙皮组成的壁板来承受;剪力仍全部由蒙皮承受。从受力特点可以看出,蒙皮上不宜开大口。但与桁梁式相比,它的弯、扭刚度(尤其是扭转刚度)比桁梁式大。由于蒙皮较厚,在空气动力作用下,蒙皮的局部变形也小,有利于改善性能。

　　桁条式和桁梁式,统称为半硬壳式。现代飞机绝大部分采用半硬壳式结构。由于桁条式的优点,只要没有很大的开口,机身多数采用桁条式结构。

　　3. 硬壳式

　　硬壳式机身结构是电蒙皮与少数隔框组成[见图 5 - 6(c)]。其特点是没有纵向构件,蒙皮。由厚蒙皮承受由机身总体弯、剪、扭载荷形成的全部轴力和剪力。隔框用于维持机身截面形状,支持蒙皮和承受、扩散框平面内的集中力。因为蒙皮厚、局部刚度大,所以隔框数量少。由于材料都布置在结构最大高度上,在其他条件相同的情况下,这种形式有较大的弯曲、扭转刚度。但实际上这种机身形式用得很少,其原因是机身的载荷相对较小,而且机身不可避免要有大开口,因而蒙皮材料的利用率不高,开口补强增重较大。所以只在直径较小的机身上和机身结构中某些气动载荷较大、要求蒙皮局部刚度较大的部位(如头部、机头罩、尾锥等处)采用。

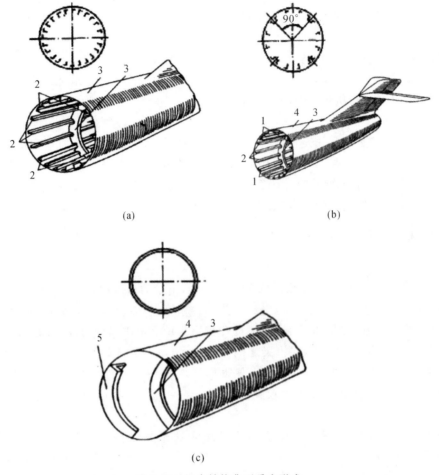

图 5-6　机身结构典型受力形式

(a)桁条式；　(b)桁梁式；　(c)硬壳式

1—桁梁；　2—长桁；　3—普通隔框；　4—蒙皮；　5—加强隔框

5.5.3　机身结构的受力分析

机身结构的受力分析与机翼类似，只是根据机身的特点，重点是讨论集中力或力矩的传递。本节将以作用在机身后段上的一个垂直集中力 P_z（例如由平尾安定面接头传来）来分析对不同的结构受力形式，载荷是如何传给机身结构的，又是如何在机身结构中传递的。图5-7所示为桁条式机身的一个加强隔框，它和水平尾翼的接头相连接。该加强隔框受到由接头传来的 P_z 力。该框受到 P_z 力后，要有向上移动的趋势，对此桁条起不了直接的限制作用，而由蒙皮通过沿框缘的连接铆钉给隔框以支反剪流 q。q 的分布与机身的受力形式，更明确地说，是和该框平面处机身壳体上受正应力面积的分布有关。对桁条式机身，假设只有桁条承受正应力，而蒙皮只受剪切时(蒙皮受正应力的能力可折算到桁条上)，剪流沿周缘按阶梯形分布[见图5-7(a)]。若蒙皮也受正应力，则在两桁条间的剪流值将不是等值，而成曲线分布。又因为蒙皮与桁条连接,蒙皮因剪流 q 受剪时将由桁条提供轴向支反剪流平衡,也即蒙皮上的剪流口将在桁条上产生拉、压的轴向力,如图 5 - 7(b)所示。由图 5 - 7(a)可知蒙皮 2′ 的剪流比蒙皮 1 上的剪流小,所以使蒙皮 1,2 间的桁条受压。同理,蒙皮 1,2′ 之间的桁条则受拉。最后可得,P_z 力在机身结构中传递时,沿某一剖面上各长桁上的轴力分布如图 5 - 7(c)所示。图 5 - 7(b)(c)表示一个空间薄壁梁在受到一个集中力后,梁内的剪力及由弯矩引起的轴向力的分布。

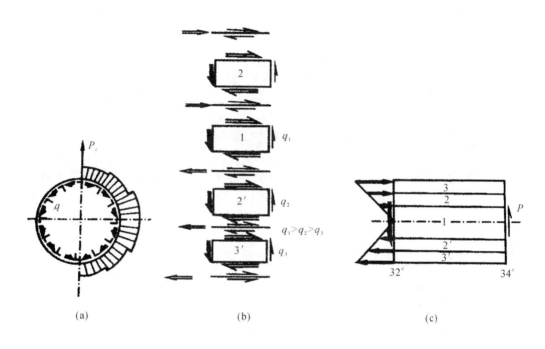

图 5 - 7　桁条式机身在框平面内受 P_z 力时的传力分析

(a)支反剪流分布;　(b)蒙皮和长桁的平衡;　(c)P_z 力向机身中段传递时弯矩引起的轴向力在长桁上的分布

由上述分析可知,作用在框平面内的集中力:①由加强框承受该集中载荷。②加强框将集中力扩散,以剪流形式传给蒙皮。③剪流在蒙皮中向机身中段(此处是向前)传递时,其剪切内力 Q 通过蒙皮连续向前传递;而弯曲内力 M 则通过桁条的轴向拉、压力向前传递,距34#框愈远(x 向),该轴力将越大,沿 x 向近似为直线分布。Q 和 M 即属机身的总体内力。

如果机身是桁梁式,则蒙皮上的剪流分布将如图 5 - 8 所示,而构成弯矩的轴力只由桁梁来承受。所以必须注意,框平面内受有集中力时,支反剪流的分布大小只与机身壳体的形式——受正应力的元件的分布有关,即与是由桁条还是桁梁,或是蒙皮受正应力有关,而和加强框本身的构造形式无关。由桁梁式机身的分析可见,桁梁与机翼中的梁不同,桁梁只相当于翼梁的一根缘条,而机身的蒙皮相当于翼梁的腹板。

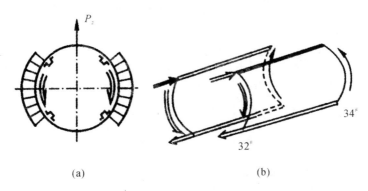

图 5-8　桁梁式机身受框平面内 P_z 力作用时的传力分析
(a)支反剪流分布；　(b)蒙皮和桁梁的平衡

5.6　机身加强框

机身加强框与机翼加强肋的作用类似,除了维持外形外,主要用来承受和传递框平面内的集中载荷,并传给机身蒙皮。加强框的受力较大,质量也比较大。根据其受力形式,加强框大致可分为刚框式(环形)、腹板式及构架式3类。

5.6.1　刚框式(环形)加强框

机身隔框(包括普通框)多数是刚框式,这是为了充分利用机身内部空间。图 5-9(a)所示为一机翼机身连接的刚框式加强框,它主要承受框两侧翼梁传来的集中力。图 5-9(b)所示为在框上部承受垂直尾翼传来的集中力的刚框式加强框。

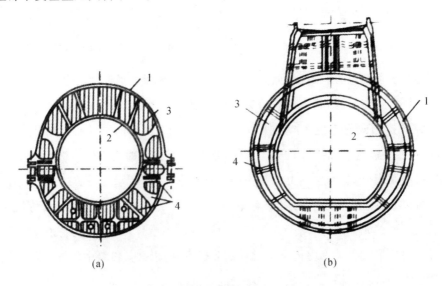

图 5-9　刚框式加强框
(a)整体刚框式加强框；　(b)组合刚框式加强框
1—外缘条；　2—内缘条；　3—腹板；　4—支柱

刚框式加强框是由内、外缘条,腹板和支柱等元件组成。根据这3种元件的构成情况不同,刚框又可分成组合式[见图5－9(b)]、整体式[见图5－9(a)]和混合式3种。组合式刚框由挤压型材弯制的缘条、腹板及支柱铆接而成;整体式刚框是用整体锻造毛坯经机械加工而成;混合式刚框是上述两者的组合。

刚框为静不定结构,其内力的大小及分布与刚框截面刚度沿圆周的分布有关。

5.6.2　腹板式加强框

机身上总是需要布置一些腹板式加强框(简称"腹板框")。腹板框的形状也是由部位安排决定的。有的腹板只占机身截面的一部分,其余部分为刚框;而有的腹板占机身截面的全部。图5－10所示为几种腹板框的结构。腹板框除了承受框平面内的集中载荷外,有些腹板框还同时作用有垂直于框平面的分布压力。

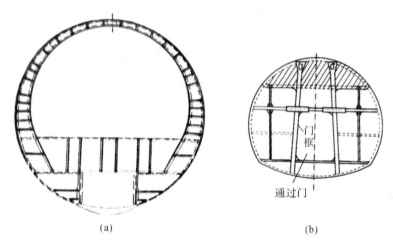

图5－10　腹板式加强框结构

(a)下腹板式加强框;　(b)中间开口腹板式加强框

腹板框的主要特征是通过布置在腹板上的型材受轴向力、腹板受剪而把集中力扩散到机身壳体蒙皮上。腹板框框缘中的应力相对刚框要小得多,所以这种加强框的缘条不需要很强。若腹板框为全腹板(占据整个机身截面)结构,其传力过程与平面板杆结构相同。而实际结构中常常遇到的是各种带部分腹板的加强框。图5－11所示为某机身机翼连接的中腹板式加强框,图5－12、图5－13和图5－14为其受力分析简图。

5.6.3　构架式加强框

图5－15所示为构架式加强框的受力原理图。某低速飞机机身与尾轮支柱连接的加强框就用了这种受力形式。尾轮可以转动,故其侧向力较小,对其连接框来说主要受一个法向力。框内布置一个三角形桁架可使法向力以切向力的方式作用到刚框上,进而与机身蒙皮的剪流平衡。对刚框来说,法向力变成切向力,框内的弯矩就小多了,从而可以将刚框设计得轻些。然而杆子会使刚框的质量增加,因为三根杆子中有两根受压,按稳定性设计,材料的利用率当然差一些。由图5－15(b)可见,对于正圆形截面的机身,三角形桁架的杆子受力更大,故使桁架质量增加得更多。这种形式的加强框由于整个框的中间空间被杆子堵住,不利于内部布置

大尺寸装载,又没有部分腹板框那种可以综合利用的优点,故很少采用。但在某些大型飞机上,为避免过大的腹板引起质量过大,也有用构架式加强框的。

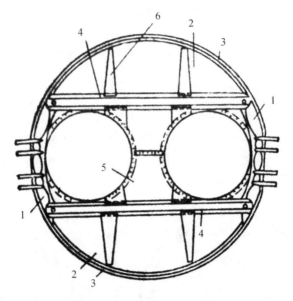

图 5-11 某机机翼机身连接加强框

1—横梁; 2—上、下腹板; 3—框外缘条; 4—缘条; 5—中腹砼; 6—集中力扩散件

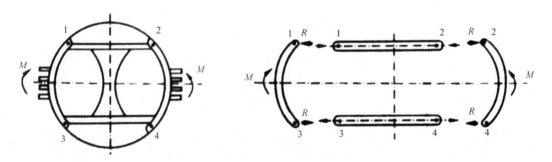

图 5-12 对称弯矩作用下中腹板加强框的受力分析

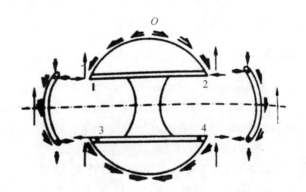

图 5-13 对称剪力作用下中腹板加强框的受力分析

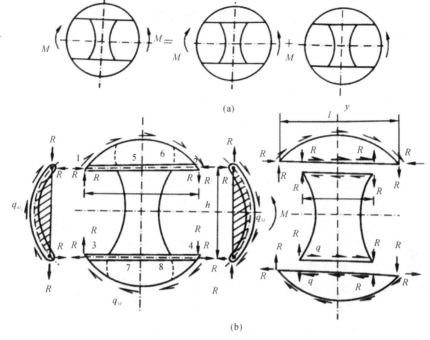

(b)

图 5 - 14　不对称力矩作用下中腹板加强框的受力分析

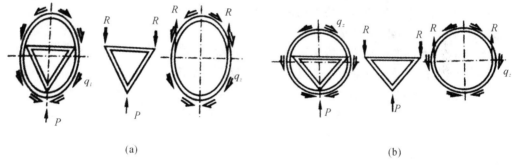

(a)　　　　　　　　　　　　　　　　(b)

图 5 - 15　构架式加强框

(a)椭圆形构架框的受力分析；　(b)正圆形构架框的受力分析

5.7　总　结

本章主要学习了机身结构的功用、设计要求、外载和受力特点,并对典型结构传力进行了分析。通过本章学习,学生应掌握飞机机身各部件的作用,要知道为什么要设计这些部件,同时要掌握这种形式的结构的受力状况,为后期的无人机结构设计打下基础,为部件的图形设计提供大致的思路。

5.8 课后习题

一、选择题

1. 机身结构各元件中不属于主要受力元件的是（　　）。
A. 隔框　　　　　　B. 起落架　　　　　　C. 长桁或桁梁　　　　D. 蒙皮

2. 直接影响着尾翼的效率和尾翼颤振特性的机身结构设计要求是（　　）。
A. 使用要求　　　　B. 强度要求　　　　　C. 刚度要求　　　　　D. 质量要求

3. 机身一般做成细长的流线体，并且外形光滑、少突起的原因是（　　）。
A. 外观漂亮　　　　B. 安全性高　　　　　C. 增加升力　　　　　D. 减小阻力

4. 关于机身受力的特点描述正确的是（　　）。
A. 垂直载荷大于水平载荷　　　　　　　　B. 垂直载荷小于水平载荷
C. 垂直载荷和水平载荷为同一数量级　　　D. 以上都不对

5. 维持机身的截面形状的部件是（　　）。
A. 隔框　　　　　　B. 桁条　　　　　　　C. 蒙皮　　　　　　　D. 桁梁

6. 机身为桁条式结构中框平面内承受集中载荷的部件是（　　）。
A. 加强框　　　　　B. 桁条　　　　　　　C. 蒙皮　　　　　　　D. 桁梁

7. 关于桁条式机身结构各部件传力叙述不正确的是（　　）。
A. 沿 z 轴的力是由桁条直接传递给隔框
B. 沿 z 轴的力是由桁条传递给蒙皮
C. 蒙皮通过铆钉以剪流形式传递给隔框
D. 蒙皮因剪流 q 受剪时将由桁条提供轴向支反剪流平衡

8. 机身结构典型的受力形式有（　　）。
A. 桁梁式　　　　　B. 桁条式　　　　　　C. 硬壳式　　　　　　D. 横梁式

9. 机身的主要功用有（　　）。
A. 安置人员和装备　　　　　　　　　　　B. 减小空气阻力
C. 增加飞机的升力　　　　　　　　　　　D. 连接飞机的其他部件

10. 机身加强框根据受力形式分为（　　）。
A. 刚框式加强框　　　　　　　　　　　　B. 构架式加强框
C. 刚肋式加强框　　　　　　　　　　　　D. 腹板式加强框

二、简答题

1. 举例说明机身内部设置的原则。
2. 简述机身设计的要求有哪些。
3. 机身外载主要有哪几种？请举例说明。
4. 简述框平面的集中力传递的过程。

第6章　无人直升机结构

6.1　课前预习

📖 **在书中找到答案**

(1)直升机按动力类型可分为哪两类?

(2)运用无人直升机进行航拍作业时通常应选用哪种内燃机?

(3)直升机的本体结构分为哪几大部分?

6.2　无人直升机结构概述

无人驾驶直升机(以下称无人直升机)是指由无线电地面遥控飞行或/和自主控制飞行的可垂直起降(VTOL)不载人飞行器,在构造形式上属于旋翼飞行器,在功能上属于垂直起降飞行器。近十几年来,随着复合材料、动力系统、传感器尤其是飞行控制等技术的研究进展,无人直升机得到了迅速的发展,正日益成为人们关注的焦点。

无人直升机具有独特的飞行性能及使用价值。与有人直升机相比,无人直升机由于无人员伤亡、体积小、造价低和战场生存力强等特点,在许多方面具有无法比拟的优越性。与固定翼无人机相比,无人直升机可垂直起降、空中悬停,朝任意方向飞行,其起飞着陆场地小,不必配备像固定翼无人机那样复杂、大体积的发射回收系统。在军用方面,无人直升机既能执行各种非杀伤性任务,又能执行各种软硬杀伤性任务,包括侦察、监视、目标截获、诱饵、攻击和通信中继等。在民用方面,无人直升机在大气监测、交通监控、资源勘探、电力线路检测和森林防火等方面具有广泛的应用前景。世界各国已充分认识到无人直升机在未来战争和民用中的作用,发展无人直升机已成为旋翼飞行器发展的一个重要方向,本章将对无人直升机的组成与原理进行讲解。

本章所讲内容:

(1)无人直升机的技术特点;

(2)无人直升机的分类及相对应特点;

(3)无人直升机的系统组成;

(4)无人直升机的本体结构组成。

6.3　垂直起降和短距离滑跑起飞飞行器的种类

对于垂直起降和短距离滑跑起飞的飞行器,产生过许多的设计思想,大多数的设计都着重突出如何克服飞行器前飞速度的限制。这种限制主要来自于当前飞行速度超过 200 Kn(节)(1 Kn≈1.852 km/h),后退桨叶气流流过旋翼桨叶表面而导致旋翼失速。

1.自转旋翼机

这是世界上最早的可飞行的旋转机翼飞行器(Ciera C4 - 1923 年),机上装有常规的发动机和用于产生前进力的螺旋桨,以及一个无动力可以自由转动的机翼。它不是一种直接垂直起降的飞行器,需要一定的前飞速度来产生升力。前飞时桨盘向后倾斜,升力方向向上。这种飞行器的最初设计构想是为了在低前飞速度时提供较好的安全性。

2.直升机

自 1937 年第一次试飞成功以来,直升飞机成为应用最广泛的垂直起降和短距离滑跑起飞的飞行器,它是第一种可以垂直起降的飞行器,同时也是最有效的可悬停的飞机。升力、前进力、操纵完全由旋翼系统来实现,属于低速飞行器。

3.复合飞机

复合飞机是直升机和固定翼飞机的综合体,在前飞状态时,升力由机翼产生,旋翼卸载,因而可以产生较大的前飞速度,通常还可以通过使用螺旋桨或发动机喷气产生更大的前进力。

4.倾斜翼飞机

倾斜翼飞机是将螺旋桨/旋翼整体旋转,旋转角度可以达到 90°而机身仍保持水平,使处于螺旋桨/旋翼气流尾部的机翼不会发生失速。

6.4　直升机的技术特点

(1)直升机本身结构的特点,使得无人直升机的空气动力学、飞行力学问题较复杂。无人直升机操纵通道多、耦合较强,是一种稳定性差、控制难的飞行器,其操纵和飞行控制要比有人驾驶直升机和固定翼无人机更困难。

(2)无人直升机与有人直升机相比,一般可缩小尺寸、减轻载荷。其研制周期较短,研制费用较低。

(3)无人直升机无驾驶舱和载人条件限制,可省去座舱、座椅、环控系统等与飞行员和乘员相关的设施,其气动布局和结构设计更为自由,其机动性能可超过有人驾驶直升机,由于尺寸缩小,其隐形性能也可有一定程度的提高。同时,由于无须考虑飞行员生理需求,其续航时间可大大超过有人驾驶直升机。

(4)无人直升机由于尺寸不大,其总体布局和结构设计要求有较强的抗风扰动能力和姿态稳定能力。

6.5 无人直升机的分类

6.5.1 内燃机式直升机

内燃机式直升机,顾名思义,是指以活塞式发动机为动力的遥控直升机,俗称为油动直升机——使用燃油的直升机。遥控直升机通常是以发动机工作容积的大小来确定其机型级别的大小,如 30 级、50 级、60 级、90 级、120 级等等。

由于直升机是通过高速运行的发动机带动旋翼运转,其结构要求精细,基本构造繁杂,自身质量大和发动机功率输出的局限,不适合工作容积过小的机型。因此,常见的小级别的机型是发动机工作容积为 5 mL(30)级的遥控直升机,简称 30 (0.30 立方英寸)级(见图 6-1)。该级别遥控直升机具有结构较为简单、成本低、发动机功率较小、油耗低等特点,较为适合初学者学习飞行使用。目前市场上还有一款适用于初级向中高级过渡,便于普及级竞赛的 8.3 mL(50)级的机型。另一款是适用于中高级水平,参加国家、国际级正规竞赛的 15 mL(90)级的机型。该机型性能更好,做工精细,发动机功率更高,但油耗、成本也随之大增。还有专用于航拍的 26 mL 级或更大级别的遥控直升机(见图 6-2)。

图 6-1 30 级油动直升机

图 6-2 120 级航拍直升机

6.5.2 电动直升机

电动直升机则是以电能(电池组)为动力源来实现飞行的机型。遥控电动直升机省去了内燃机动力系统的油料、发动机和消声器等部件,飞行中最主要特点是噪声小,操作、维护简便,飞行过程中洁净、快捷(见图 6-3)。近年来电子技术的飞速发展,基本解决了动力源(电池组)输出能量低、单位质量大和电动机能量转换率低这两大"瓶颈"问题,使遥控电动直升机向着更为经济、便捷、实用的方向发展。也正是遥控直升机的动力系统(电动机、动力电池 组)具有小型化、超小型化的特点,电动直升机动力可与内燃机直升机动力相媲美,也实现了向小型化、微型化的发展。

6.5.3 喷气直升机

喷气直升机是以涡轮增压喷气发动机为动力源,带动直升机旋翼转动来实现飞行的直升机。近几年,随着模型用涡轮增压喷气发动机(微型)生产、应用技术的不断成熟,以这种喷气发动机为动力用于遥控直升机的设想已经实现(见图 6-4)。但由于该发动机结构复杂,飞行操作工序烦琐,功率输出与单位质量比较小,尚未能广泛应用。

图 6-3 电动航拍直升机　　　　　图 6-4 小型涡喷直升机

6.5.4 直升机结构种类

如图 6-5 所示,直升机大致分为以下几类。

单旋翼直升机　　双桨纵列式直升机　　共轴反桨式直升机　　双桨横列式直升机

图 6-5 直升机的种类

1.双桨纵列式直升机

这种直升机具有两个主旋翼轴,分别安装在机身的前端和后端,两个旋翼轴的叶片转动方向相反,其反扭矩互相抵消。

2.双桨横列式直升机

同样有两个主旋翼轴,安装在机身两侧,两旋翼转动不一定互相啮合,且带一定角度。

3.共轴式直升机

两个主旋翼上下安装在同一个主轴上,由一台或两台发动机驱动。两个主旋翼转动方向相反,可以互相抵消反扭矩,使机身不随旋翼转动。

4.单旋翼直升机

最多见的直升机只有一个主旋翼轴系统。另外,在机身后部与主旋翼不同平面内安装一尾桨系统,用于平衡因主旋翼转动引起的反扭矩,同时尾桨还可以用于实现直升机的方向操纵。

6.5.5 直升机类型的比较

单旋翼直升机是最常见的直升机,它的主要优点是设计和制造简单,只需一套操纵系统和减速传动系统,但需要安装尾桨来平衡主旋翼产生的反扭矩,且尾桨还要消耗一定的功率(通常悬停时占 8%~10%,平飞 3%~4%);另一个缺点是尾桨安装在远离飞行员的后部,存在受地面障碍物影响和容易伤人的危险性。近年来,"涵道尾桨"和"NOTAR"装置的应用大大改善了上述两个缺点。

共轴式直升机由于两个主旋翼转动方向相反,可以互相平衡反扭矩。另外,由于采用的是两个主旋翼,从而减小了主旋翼桨叶尺寸;缺点是结构和操纵变得相当复杂,使质量增加。

双桨横列式直升机的优点是前飞时功率损失小,缺点是迎风面积大,阻力大,结构质量增加,传动和操纵复杂。

双桨纵列式直升机的优点是迎风面积小,阻力小,飞机重心范围大,有效载荷可平均分配到两个主旋翼上;缺点是后主旋翼由于可能受前主旋翼气流影响而使升力效率减小。解决的办法就是将后主旋翼的安装平面升高。其他的缺点与横列式相同。

6.5.6　直升机与固定翼飞机的比较

直升机与固定翼飞机相比有着许多根本性的不同点,其中主要的不同之处是 4 个基本力中的升力、推力和阻力的产生方法不一样。

两种航空器都必须有能够在空气中运动的机翼才能产生升力,固定翼飞机的机翼与机身安装在一起,因此要想使飞机起飞,必须使整个飞机运动产生足够的速度。升力由运动的翼型产生,要改变升力的大小,则必须改变翼型与相对气流之间的攻角。在固定翼飞机上,要想实现改变攻角,必须通过改变机身沿横轴的俯仰角的大小。

而直升机升力的大小可通过改变桨叶的迎角来实现,不必改变机身的姿态。直升机和固定翼飞机在飞行中都受到 4 个力的作用,图 6-6 所示为固定翼飞机在飞行中的受力图,其中升力与重力相等,推力与阻力相等,因此可以说,此时固定翼飞机是以不变的姿态匀速运动。

图 6-7 所示则与固定翼飞机不相同,因为图中只有升力和重力,没有推力和阻力。对于直升机来说,此时说明直升机是在空中处于悬停状态。

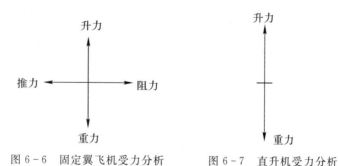

图 6-6　固定翼飞机受力分析　　　图 6-7　直升机受力分析

6.6　系　统　组　成

无人直升机系统大体上由直升机本体、控制与导航系统、综合无线电系统和任务载荷设备等组成。直升机本体包括旋翼、尾桨、机体、操纵系统、动力装置和起落架等。控制与导航系统包括地面控制站、机载姿态传感器、飞控计算机、定位与导航设备、飞行监控及显示系统等。这一部分是无人直升机系统的关键部分,也是较难实现的部分。综合无线电系统包括无线电传输与通信设备等,由机载数据终端、地面数据终端、天线和天线控制设备等组成。任务载荷设备包括光电、红外和雷达侦察设备以及电子对抗设备、通信中继设备等。

6.7 无人直升机本体结构

遥控直升机因其产生升力的特殊形式,使其结构和操纵方式较其他飞行器更为复杂,为便于对无人直升机的了解,对无人直升机的旋翼、机身、动力系统等分别进行一一介绍。

6.7.1 直升机的旋翼与尾桨

直升机的旋翼如同飞机的机翼,是直升机产生升力、维持飞行的保障和主要部件。它是通过直升机旋翼的主轴带动旋翼做高速圆周运动,使旋翼与空气产生相对速度而产生升力(见图6-8)。

传统旋翼布局的直升机,为了克服旋翼旋转时产生的反作用力,必须在机身尾端加装一副小旋翼——尾桨(见图6-9)。不同种类、用途的遥控直升机对旋翼的要求也不尽相同(旋翼剖面)。再就是共轴反桨直升机,两副旋翼旋转方向相反,相互抵消了反作用力,达到相对平衡,省去了传统布局的尾桨,简化了机械传动机构(见图6-10)。

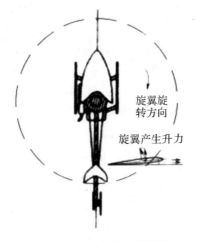

图6-8 直升机飞行原理

图6-9 尾桨用途

图6-10 共轴反桨直升机

1. 旋翼种类

随着遥控直升机的发展和对飞行功能的不同需求,旋翼剖面形状(翼型)也在发生改变。一般而言,结构简单的微型直升机只有正飞、转弯等常态运动的一种飞行姿态,为增加旋翼升力,通常大都选用凹凸翼型的旋翼(见图 6-11)。早期无人直升机或用于专门用途(航拍、遥测等)飞行,需要尽可能地发挥旋翼最大升力系数和升力,这类机型多选择平凸翼型或双凸翼型的旋翼(见图 6-12、图 6-13)。近几年,随着无人直升机飞行作业的要求不断提高,现在的旋翼均为对称翼型(见图 6-14)。

图 6-11　微型直升机使用的凹凸翼型

图 6-12　航拍直升机使用的平凸翼型

图 6-13　双凸翼型的航拍模型直升机

图 6-14　对称翼型航拍模型直升机

　　从几何形状分析,旋翼的几何形状以矩形居多,近年来也有梯形旋翼(桨根部翼弦较宽、桨尖部翼弦变窄)问世(见图 6-15)。与相同直径的旋翼相比,梯形旋翼有如下优点:桨根部加宽后,旋翼的强度增大、抗扭(变形)性能高,旋翼根部旋转速度低,产生的阻力矩小,对发动机形成的负荷小;桨尖部翼弦减小后,尖部旋转速度高,产生的阻力矩会明显减小,对发动机造成的负荷降低;特别是在直升机做剧烈特技动作飞行时,能明显改善旋翼的效能。

　　旋翼翼尖的几何形状对减小旋翼翼尖的诱导阻力,改善旋翼效能非常重要。一般而言,矩形翼尖产生的诱导阻力最大,半圆翼尖或小梯形翼尖次之,反箭翼尖或小梯形加反箭翼尖产生的诱导阻力最小(见图 6-16)。

图 6-15　根部较宽的梯形碳纤维旋翼

图 6-16　低诱导阻力旋翼

　　从旋翼制作的材质上讲,目前大致可分为木质(同一质地或复合木质)旋翼、塑料旋翼、玻璃纤维(或玻纤/碳纤混合型)旋翼和碳纤维旋翼,共四大类(见图6-17)。从安全角度考虑,在遥控直升机运动中禁止使用金属材质的旋翼。

图6-17 不同材质的旋翼

(a)木质旋翼; (b)碳纤旋翼; (c)塑料旋翼

2. 旋翼的选择

无人直升机的飞行,是通过旋翼的高速运转产生足够的升力,以确保直升机能够完成各种复杂的特技飞行动作。这时,飞行动作的难度越大,对旋翼的加工量、强度(刚性)要求越高,因此,由早期的全木质旋翼逐渐演变出现在的玻璃纤维旋翼(简称"玻纤桨")、玻璃纤维与碳纤维旋翼(简称"玻碳桨")、碳纤维旋翼(简称"碳纤桨")或碳纤维与凯芙拉复合旋翼。

从经济实用的角度考虑,处在学习、掌握无人直升机的姿态或手动悬停、飞行阶段的初学者,对发动机功率、旋翼转数的要求都不太高,对旋翼强度的要求也不高,一般建议使用物美价廉的木质旋翼进行飞行练习最为经济、实用;对有一定飞行基础,需要无人直行机进行航线或简单特技飞行时,建议最好选用价格适中的玻纤桨更为安全、适用;对于需要无人直升机进行高速高机动作业来说,选用刚性更强的碳纤桨飞行;塑料材质的旋翼多为室内飞行的超小型遥控直升机。

3. 尾桨

尾桨以对称翼型为主。在早期遥控直升机上多选用木质尾桨。随着塑料加工技术的广泛应用,如今绝大多数直升机原装尾桨均是由塑料加工而成的(见图6-18)。一些升级品牌的尾桨则提供刚性更好的玻璃纤维尾桨或碳纤维尾桨(见图6-19)。对于初学者或一般的飞行而言,选用原厂配备的塑料尾桨足以保证其飞行要求;在高机动飞行中,选用刚性更好一些的碳纤维尾桨,对保证和提高尾桨的舵面效应很有必要。

图6-18 塑料尾桨

图6-19 碳纤维尾桨

从尾桨的阻力矩方面考虑,与旋翼的理论基本相同,即尾桨桨尖部位的形状最好选择能够减小诱导阻力的外形。这样对减小发动机的工作负荷,提高旋翼效率非常有利。

6.7.2　直升机的机身

遥控直升机机身的主要功能是将直升机的接收机、伺服电机(舵机)、动力系统、传动机构、旋翼、尾桨、起落架和整流罩等各主要功能部件连接、稳固和保护,以期达到最稳定地发挥各功能部件功能的作用(见图 6-20 和图 6-21)。

图 6-20　油动直升机机身结构

图 6-21　电动直升机机身结构

由于直升机在飞行中必须承受较高的载荷,所以机身都选用聚碳酸酯工程塑料、铝合金板、碳纤维板或金属与纤维复合材料等相对强度较高的材质加工制作。

6.7.3　直升机的操纵系统

直升机的操纵系统原理与其他类飞机遥控系统原理基本相同,以下就遥控直升机独有的操纵特点作简要介绍。

1. 遥控器(发射机)

遥控直升机体现在遥控器上的操纵方式与常规飞机的不同点是:右手的油门摇杆(国内流行的操纵手法多为亚洲流派,欧美流派的操纵手法的油门摇杆是在左手上,见图 6-22 和图 6-23)专门控制直升机的垂直起飞和降落(升或降),同时控制发动机的油门大小和旋翼角度的改变(一般油门大小和旋翼角度的改变是分别需要两个操纵通道混合控制)。而常规飞机只是控制飞行速度的快慢。

图 6-22　亚洲流派操纵杆的功能简介

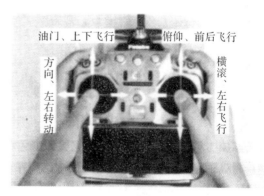

图 6-23　欧美流派操纵杆的功能简介

右手的副翼摇杆(与欧美流派相同)在直升机上,虽然是由一个通道只控制一个舵机,但却有两个控制概念:一是控制直升机的横侧姿态(左、右横滚飞行);二是控制直升机的左、右横侧移动飞行。而常规飞机的副翼舵杆只控制其左、右滚转姿态的改变。

左手的升降舵摇杆(欧美流派在右手上)在直升机上也是由一个通道只控制一个舵机,同样也是两个概念:一是改变直升机的俯仰姿态(做内筋斗、外筋斗等俯仰翻滚动作);二是控制直升机前进、后退、高速、低速和悬停(在空中静止不动)的飞行。而常规飞机的升降舵杆只能控制其俯仰姿态的改变。

左手的方向舵摇杆(与欧美流派相同)在直升机上由一个或两个通道通过陀螺仪控制一个舵机,来完成预定的左、右转动的指令。而常规飞机的副翼舵杆只控制其左、右滚转姿态的改变。

飞行遥控直升机的发射机最低配置也应具备5个通道的功能:油门、旋翼螺距(与油门混控)、副翼、升降和方向。根据飞行功能的不同,对发射机通道和功能的需求会随之增加。如直升机在静态动作飞行时需要有较好的稳定性,特技飞行时需要有较好的操纵性,两者是矛盾的,而在飞行中有倒飞等剧烈的特技动作时需要更灵活的操纵性,这就需要遥控器具备更多的操纵通道、模式切换、混控等功能的支持(见图6-24)。

直升机不仅能向前高速飞行,还具备飞机无法完成的悬停,垂直上升、下降飞行,后退飞行,绕S身纵轴左、右旋转(自转)飞行,向左或向右侧移等立体飞行能力(见图6-25)。运动时旋翼衍生的陀螺力矩(产生负面影响)等,确定了其与常规飞机操作方式和飞行思路的不同。

图6-24 一款14通道发射机

图6-25 直升机的三维运动

2. 接收机

发射机发出信号后,需要在直升机上将信号接收后转为执行命令。接收机直接将无线电波信号如实地转为电脉冲信号,传送到直升机的各个执行机构——舵机。根据对直升机配置的需要,一般接收机最低为5个通道,如对飞行状态下直升机方向陀螺仪的灵敏度(感度)进行控制,对发动机油门贫、富(供油量)进行调整,增加收、放起落架功能,以及在飞行中完成一些特定的任务,则都需要使用通道更多的接收机(见图6-26和图6-27)。

图 6 - 26　Futaba 2.4 GHz 7 通道接收机　　　图 6 - 27　Futaba 2.4 GHz 14 通道高速接收机

3. 陀螺仪

由于遥控直升机大都使用以甲醇为燃料的内燃机发动机,在工作中转数的波动范围较大,而转数的波动将直接影响到直升机尾桨的工作效率,进而影响到直升机方向姿态的改变。为保证直升机在飞行中的方向稳定,减小发动机转数变化对方向的影响,就需要直升机加装方向稳定的辅助机构——方向陀螺仪。早期的陀螺仪为机械式感应陀螺仪(见图 6 - 28)。随着电子技术的飞速发展,压电式感应陀螺仪(见图 6 - 29)以其耗电低、灵敏度高、反应快、性能稳定和方向锁定等优势,很快取代了机械式感应陀螺仪。

近两年,三轴陀螺仪(见图 6 - 30)技术逐步成熟,并应用到无人直升机领域。

图 6 - 28　机械式感应陀螺仪　　　图 6 - 29　Futaba GY520 压电式感应陀螺仪

图 6 - 30　三轴陀螺仪

4. 执行(伺服)机构

执行机构是将接收机发出的电脉冲信号通过电路、电动机、电位器、齿轮组和摇臂,转化为推动直升机各舵面运动的机构。在国内通常将这种执行机构称为舵机(即伺服电机)。

根据舵机执行任务的要求不同,舵机使用的数量、性能也有所不同。如使用在控制尾桨上的舵机(见图 6-31)要求精度高、反应速度快、输出力量适中;控制旋翼螺距、倾斜盘(十字盘)的舵机(见图 6-32),要求输出力量大、精度高、反应速度快而稳定等等。在使用 CCPM 模式的倾斜盘时,还需要舵机的性能指标越相近,稳定性和精度越高越好(见图 6-33)。

随着直升机发动机输出功率越来越大,飞行动作越来越剧烈,对操纵连杆、摇臂的要求也有所提高,双推拉连杆和摇臂的使用越来越普遍。当今电子技术的飞速发展,也为直升机安全、顺畅地飞行提供了有力的保障。

图 6-31　无刷锁尾舵机

图 6-32　大扭力舵机

图 6-33　倾斜盘舵机

6.7.4　无线电遥控直升机的动力系统

遥控直升机的动力系统主要由动力系统(发动机、电动机)、冷却系统、供油(能)系统(油箱、油路、消声器增压、电池组)及指令执行系统(油门舵机、电子调速器)等部件组成。

1. 内燃机(发动机)

遥控直升机的动力系统与常规遥控飞机不同,没有螺旋桨直接对发动机进行吹风散热(简称风冷),而工作状态与常规遥控飞机发动机也不同。常规遥控飞机大都是发动机直接带动螺旋桨转动,高低转数变化较为柔和、缓慢;遥控直升机发动机是通过齿轮变速后驱动旋翼转动,飞行中发动机高低转数变化较为剧烈,因此发动机负荷较重,导致工作中温度增高,而影响发动机工作稳定及功率正常输出。因此,遥控直升机专用发动机(缸头)有一个较大的散热片(见

图 6-34)，在遥控直升机的机体上还专门留有为发动机散热用的风扇。由于遥控直升机发动机的输出方式是齿轮传动，工作中承受的是径向力(见图 6-35)。这与常规遥控飞机发动机以轴向力为主的受力特点不同。要求遥控直升机配备专用发动机机匣，特别是 50 级以上的大工作容积发动机前机匣部分的强度应进行额外加强(见图 6-36)。

图 6-34　直升机发动机大散热缸头

图 6-35　模型直升机的发动机受径向力

图 6-36　模型直升机发动机(左)前机匣往往更厚实

在空中停车后，可以通过飞机的滑翔平稳着陆；但遥控直升机发生空中停车现象后，对绝大多数操控而言会导致灾难性的后果。直升机不具备滑翔性能，而自旋着陆技术只是在一定条件下、具备较高飞行技艺的操控者才能掌握的高难度动作。这对发动机的生产工艺，关键部件材质(汽缸、活塞等)的选用，汽化器的加工精度，及发动机各部件的整体配合，热稳定性等提出了更高的要求(见图 6-37)。所以，遥控直升机发动机的生产厂家相对少一些，知名品牌就更是少之又少。

目前，国内的一些发动机生产厂家正在对直升机发动机的生产和性能提高进行积极研究和探索。

2. 汽油机

随着机械加工工艺和技术手段的不断提高，以汽油为燃料的小型、超小型活塞式内燃机(工作容积 30 mL 以下)的工作稳定性得到了保证。为保证发动机在各种状态下都能正常、稳定地运转工作，航空发动机摒弃了传统摩托车用的浮子油箱，而是在燃料进入发动机汽化器之前，采用泵膜式(恒压)的供油方式，为提高发动机工作稳定性提供了有力的保障(见图6-38)。

汽油机具有工作相对稳定、油耗低、续航时间长的优势,因此在航空拍摄、广告宣传等一些商业服务方面被广泛选用。但是,汽油机由于单位质量的功率输出较低,在直升机竞技领域尚未应用。

图 6-37　工艺不断提高的汽化器　　　　图 6-38　具有燃油泵的汽油机汽化器

3.供油系统

遥控直升机的供油系统多是选用排气增压的方式,这种增压方式结构简单,受油位变化(直升机抬头、低头)影响较小,为发动机稳定工作提供了较好的保障(见图 6-39);油路增压较为明显的优点是发动机汽化器主油针只需要开 1.5～2 圈(常规自然吸气发动机需要开 3 圈左右)即可稳定工作,在以发动机为动力的各类模型上应用最为普遍。

由于发动机排气增压方式是依靠发动机燃爆产生一定的压力来为供油系统供压,当发动机低速运转时供油压力并不大,随着转数的不断提高,供油系统的压力也不断增大。这对发动机在低、中、高转速运转中的稳定供油提出了挑战。为解决这一问题,多油针汽化器便应运而生,即在发动机的低转数(怠速)阶段、中转数(中速)阶段和高转数(大功率)阶段分别用 3 个专门控制各阶段油量的油针来锁定,并达到低、中、高稳定衔接的目的。多油针汽化器由于加工精度要求高、结构较为复杂,多应用在高级别的竞赛型发动机上。

图 6-39　消声器为油箱增压

在大排量(90 级)发动机中,为保障遥控直升机在各种飞行姿态下发动机都能稳定工作,一些品牌、型号的发动机上安装了供油压力更大、更稳定的简易增压油泵(见图 6-40)。

在油箱的选择上,通常遥控直升机的油箱都是以各个厂家生产的机型专门配套提供,只是近些年在大级别直升机上油泵增压发动机的出现,对油箱的承压能力提出了更高的要求,产生了一些配件产品和机身结构的改变,如图6-41所示。

图6-40 发动机汽化器上带有增压油泵

4.电动机与电池

变频电动机技术在超小型电动机上的应用,取代了传统的电刷电动机,使航模电动机的能量转换效率、功率输出实现了质的突破。加之,动力电源方面,锂聚合物电池(见图6-42)技术不断发展、成熟,取代了传统的镍镉、镍氢充电电池(锂充电电池的单位质量与能量比远远高于其他充电电池)。

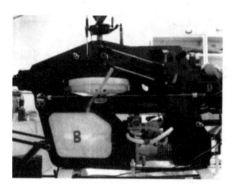

图6-41 利用机身结构强化油箱

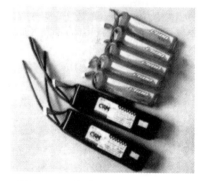

图6-42 各种型号锂聚合物电池

以电池为动力源的遥控直升机与以内燃机为动力源的主要区别就在于动力系统上。遥控电动直升机由电动机、动力电池和电子调速器(俗称电调)组成了电动力系统(见图6-43),省去了以内燃机为动力的发动机、油箱、油门舵机和冷却系统。

随着电子技术的飞速发展,遥控直升机以电能为动力的电子调速系统、电动机、电池的体积将越来越小,性能会越来越强。

但是,目前以电池为动力源的遥控直升机仍存在一个最大的不足,就是动力电池的造价偏高和使用寿命较短。

5.冷却与消声

由于遥控直升机是通过旋翼的旋转来产生飞行的升力,发动机工作时不能像常规飞机靠螺旋桨旋转为发动机直接散热。为保证安装在直升机机体内部的发动机正常稳定地工作,就必须为发动机提供冷却的条件。最常见的冷却方法是离心风冷的方式(见图 6-44、图 6-45)。这种方式结构简单,效果显著。

图 6-43　电动直升机上的电子设备

图 6-44　发动机轴上安装散热风扇　　　图 6-45　离心式散热风扇强制风冷

电动机的风冷方式是在电动机的底座上设计增加一个简易风扇,在电动机运转工作时,通过空气的流动直接为电动机散热。

消声,主要应用在以内燃机为动力源的遥控直升机上。这是由于内燃机工作时发生燃爆产生的剧烈声响——噪声。发动机在工作中,未进行消声处理时,可产生 140 dB 以上的巨响(3 m 处);经过较好的消声处理后,发动机工作时的噪声可控制在 85 dB 以下。

为发动机降噪的方法是在发动机排气口处加装一部消声器(见图 6-46)。消声器结构设计、制作较好的,能明显降低遥控直升机飞行时的噪声,发动机的输出功率不会有太多的降低;反之,简易消声器和质量较差的消声器降噪效果不好,发动机功率降低明显。

另外,消声器的应用还是供油系统不可缺少的一个环节——增压。发动机工作时发生燃爆,产生的高压气体进入消声器的膨胀室后为油箱增加了压力,推动燃油喷入汽化器。

但是,不论哪种消声器都会对发动机的功率输出带来一定的负面影响(降低发动机功率),而不会对发动机功率的提高有促进作用。

唯有一种谐振排气管能够对发动机功率的提高产生促进作用,但这并不是常规的消声器(见图 6-47)。由于谐振管必须在特定的条件下才能起到提高发动机功率、转数的作用,所以许多比赛型的遥控直升机并不采用。谐振管只能在二冲程发动机上才能提高功率和转数,而对四冲程发动机起不到提高功率的作用。

图 6-46　发动机的消声排气管

图 6-47　航拍机上使用的谐振排气管

6.7.5　直升机的起落架

直升机的起落架主要为整个机身提供支撑作业,同时也是任务平台的挂载中心,为了进一步保障直升机所挂载任务平台的稳定,减少振动,许多大级别遥控直升机都加装了避振胶垫(见图 6-48),而一些有特殊用途的直升机起落架上还装有或预留有更好的避振系统。

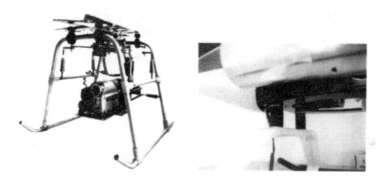
图 6-48　直升机起落架

6.7.6　术语

以下是本课程直升机篇经常出现的主要技术术语:

桨盘面积(disc area):桨叶转动时叶尖形成的圆周面积。

叶尖旋转平面(tip path plane):所有桨叶转动时叶尖形成的平面。

桨盘负载(disc loading):直升机起飞质量与桨盘面积的比值。

叶片负载(blade loading):直升机起飞质量与所有叶片面积和的比值。

桨盘固态性(disc solidity):所有桨叶的面积与桨盘面积的比值,也称旋翼实度。

挥舞(fiapping):在升力的作用下,桨叶绕水平关节的垂直运动。

阻尼(dragging):在阻力作用下,桨叶绕垂直关节的水平运动,也称摆振。

垂直飞行(vertical fhght):直升机在垂直方向的上升和下降,由总距杆操纵。

转换飞行(translationalflight):除垂直方向以外任何方向的飞行,由周期变距杆操纵。

变距(feathering):改变桨叶角以改变桨叶攻角。

升力不对称性(dissymmetry of lift):在某些飞行姿态下桨叶产生的升力不对称。

相位滞后(phaselag):当有一个外力(改变桨叶角)作用到桨叶上时,桨叶的挥舞效应将沿着转动方向滞后 90°才出现。这种现象也叫陀螺进动性。

桨叶前缘:整个翼型中最先与气流相接触的部分。

桨叶后缘(trailing edge):翼型中逐渐收敛的锥形部分能使气流流过翼型表面产生流线型效应的点。

翼型的弦线:一条假想的从翼型的前缘点到后缘点的连线,它用作测量翼型角度的基准线。

攻角(angle of atyack):也叫迎角(angle of incidence),是指翼型的弦与相对气流之间的夹角。

桨叶角(pitch):桨叶翼型的弦与桨毂旋转平面之间的夹角,也称作变距角或安装角。

6.8　总　　结

本章就直升机的技术特点与常见动力类型的分类展开来讲解,无人直升机的本体结构为本章节的主要内容。通过本章的学习,学生需要掌握如何对直升机进行分类,及无人直升机本体的选型与应用,对直升机结构进行装配时的步骤及注意事项。

6.9　课后习题

一、填空题

1.直升机成为应用最广泛的垂直起降和短距离滑跑起飞的飞行器,它是第一种可以垂直起降的飞行器,同时也是最有效的可悬停的飞机。升力、前进力、操纵完全由旋翼系统来实现,属于(　　)飞行器。

2.由于直升机是通过高速运行的发动机带动旋翼运转,其结构要求精细,基本构造繁杂,自身质量大和发动机功率输出的局限,不适合工作容积(　　)的机型。

3.无人直升机操纵通道多、耦合较强,是一种稳定性差、控制难的飞行器,其操纵和(　　)要比有人驾驶直升机和固定翼无人机更困难。

4.直升机的结构种类大致分为以下(　　)类。

5.双桨横列式直升机的优点是前飞时(　　)损失小,缺点是迎风面积大,阻力大,结构重量增加,传动和操纵复杂。

二、简答题

1.直升机的系统由哪些部分组成?

2.简述直升机的结构组成。

第7章　直升机飞行原理

7.1　课前预习

📖 **在书中找到答案**

(1)直升机升力、推力、阻力是如何产生的?

(2)直升机翼型有哪些? 功能有何区别?

(3)直升机飞行姿态的变化是通过什么方式进行的?

7.2　直升机飞行原理概述

本章将学习直升机飞行的原理,包括直升机的升力、推力和阻力三种力的变化与直升机姿态变化的关系,桨叶翼型的不同对飞行的影响,飞行时如何控制操作装置达到预计的飞行姿态。通过本章知识的学习,学生能掌握无人直升机的飞行特点,为后期无人直升机的操作以及设计提供理论基础。

本章所讲内容:

(1)直升机升力产生的原理;

(2)直升机产生的推力和附带的阻力;

(3)升力不对称和桨尖失速;

(4)直升机的稳定性和外界影响。

7.3　升　　力

7.3.1　升力的产生

当翼型在空气中运动时,气流与其接触将改变方向。升力产生的原理目前有两种:一种理论认为,当气流流过翼型上表面时气流加速,根据伯努利的能量守恒定律,气流的加速将引起压力的减小,而流过下表面的气流则压力增大,下表面的压力大于上表面的压力,这个压力差将使得翼型向着压力差的方向运动,这个压力差就是升力。另一种理论认为,由于气流流过翼型时的攻角为正,气流流过下表面时将向下反射,根据牛顿第三定律,任何一个力的作用都将产生一个大小相等、方向相反的反作用力,气流的这种向下的反射作用将产生一个向上的反作用力,使得翼型向上运动,这就是升力。

图 7-1 所示是对第一种理论的描述。图 7-2 所示是对第二种理论的描述,我们不对这两种理论的对错进行评判,从某种意义上来说,升力的产生也许是上述两种理论共同作用的结果。

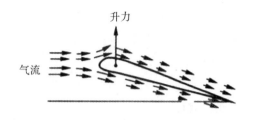

图 7-1　伯努利原理解释升力的产生

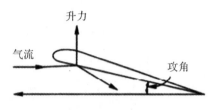

图 7-2　牛顿第三定律解释升力的产生

升力可通过下式进行计算

$$L = C_1 \frac{1}{2} \rho v^2 S$$

式中　L——升力;

　　　C_1——升力系数;

　　　ρ——空气密度;

　　　v——气流速度;

　　　S——翼型面积。

升力系数 C_1 是指在给定状态下翼型能够产生升力的能力,其大小主要取决于翼型横截面的形状。空气密度 ρ 的测量单位是 kg/m^2。在公式中气流速度 v 是以二次方的形式出现,也就是说,如果其他因素保持不变,升力的大小将随着速度的二次方而变化。面积 S 是指翼型的表面积,对于直升机桨叶来说,它是一个常数。

7.3.2　直升机翼型的选择

1. 翼型

升力是由翼型产生的,翼型可以有不同的形状和尺寸,但产生升力的原理是一样的,且翼型都有弯曲的表面和逐渐收敛的后缘。

直升机主桨叶最常采用的翼型是对称翼型,这种翼型的特点是上下两部分完全对称,选用这样翼型的原因将在后面讨论。

翼型弯曲的程度叫翼型的弯度,所谓大弯度翼型是指一个翼型的上表面的弯曲程度远大于下表面的弯曲程度。

相对气流是指作用在翼型上的所有产生升力的气流的总和。在受力分析图中,相对气流通常以矢量的形式来表示,也就是说,它既有大小,也有方向。

图 7-3 和图 7-4 所示分别为非对称翼型和对称翼型。

图 7-3　非对称翼型　　　　　　　　　　　　　　　　图 7-4　对称翼型

2.直升机桨叶翼型的选择

比较常用的直升机桨叶翼型是对称翼型,这种翼型具有高升阻比的特点,即在允许的速度范围内从翼根到翼尖能够产生较大的升力,同时阻力较小。

但选择对称翼型的主要理由是它具有稳定的压力中心。压力中心是指升力在翼型弦线上的作用点,在固定翼飞机机翼的翼型上,随着攻角的变化,压力中心沿着弦线移动,这对于固定翼飞机来说问题不大,因为它的尾翼可提供纵向稳定性;而对于直升机的主桨叶来说则是不可接受的,因为在直升机上桨叶的攻角在飞行中是在不停地变化的,压力中心的不停移动将引起桨叶的扭转而使桨叶应力增加,同时给飞行员带来额外的操纵要求。

对称翼型的压力中心的作用点与弦线的重心和变距基本重合。因此,随着攻角的变化,压力中心作用点位置保持基本不变,这样可以减轻飞行员的操纵负担。

7.3.3　主旋翼

1.主旋翼

当旋翼转动时,每片桨叶都将产生升力。为了画受力图和受力分析的方便,把每片桨叶产生的升力合成为一个力,这个力作用在桨叶叶尖旋转平面的中心,且垂直于这个平面,这个力叫作旋翼有效力(见图 7-5),也叫旋翼总空气动力。

图 7-6 中所示的主桨叶形成一个倒锥体,桨叶与桨毂旋转平面之间的夹角叫作锥体角,它的定义是桨叶的展向中心线与桨叶叶尖平面之间的夹角。

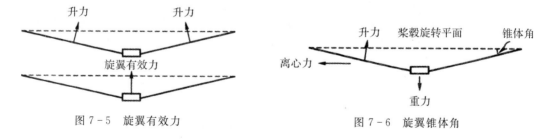

图 7-5　旋翼有效力　　　　　　　　　　　　　　　图 7-6　旋翼锥体角

锥体角的大小在任何给定状态下与下列 3 个因素有关:

(1)升力:升力越大,锥体角越大。

(2)离心力:桨叶转动速度越大,桨叶产生的离心力越大,桨叶将越远离桨毂,因此锥体角越小。

(3)直升机质量:质量越大,桨叶必须产生越大的升力,因此质量的增加将使锥体角增大。

实际上,在飞行中,直升机的质量在短时间里不会有明显的改变,因此对锥体角的影响不会明显。

主桨叶是一个巨大的旋转质量体,在实际飞行中,其转动速度基本保持不变,桨叶产生的离心力在整个飞行中也基本保持不变。因此,在飞行中只有升力是一个可变因素,影响锥体角的大小。

2.主桨叶

由于桨叶是在不断转动的,桨叶的速度和相对气流的速度沿着桨叶的叶根到叶尖将是逐渐增大的。根据升力公式,桨叶产生的升力的大小取决于攻角和相对气流的速度,因此桨叶上的升力从叶根至叶尖也是逐渐增大的,升力图形如图7-7所示。这种情况将造成桨叶上产生不必要的弯曲负载。

平衡桨叶翼展方向升力的方法有两种:

(1)锥形桨叶:将桨叶做成锥形,使得翼型的弦线长度从叶根至叶尖逐步减小,桨叶表面积也因此逐步减小,根据升力公式,面积的减小将使升力减小而达到沿叶片展向升力的均衡。

(2)扭转桨叶:将桨叶角从叶根至叶尖设计成下洗,即桨叶角逐步减小,则攻角也逐渐减小,升力图形如图7-8所示。

 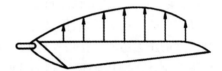

图7-7　桨叶上升力的分布　　　　图7-8　扭转桨叶的力的分布

现代直升机的主桨叶同时采用了上述两种方法,例如西科斯基(SIKORSKY)公司的桨叶的下洗角(扭转角)一般为7°。

7.4　推力和阻力

7.4.1　推力的产生

旋翼旋转平面倾斜后,旋翼有效力的水平分量就是推力。推力的大小取决于桨盘倾斜的角度,倾斜角越大,推力越大,而升力越小。也就是说,当推力增加时,必须增大旋翼有效力,才能保持足够的升力来平衡飞机的重力。

一旦飞机进入转换飞行状态,主桨盘的前倾将引起飞机机身的前倾,从而使整个主桨毂前倾,主桨毂又是和主桨轴装配在一起的,因而主桨轴也会前倾,这时周期操纵量就可以减小。

周期变距杆移动后,整个旋翼旋转平面倾斜,桨叶角交替变化,桨叶向上或向下挥舞。

图7-9所示说明机身姿态变化后能够引起旋翼旋转平面的进一步变化,从而周期操纵量可略微减小。

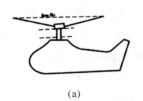 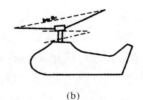 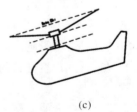

(a)　　　　　　　　(b)　　　　　　　　(c)

图7-9　机身姿态的变化

(a)直升机在悬停状态;　(b)直升机在过渡飞行状态;　(c)直升机在转换飞行状态

7.4.2　阻力的产生

任何物体在空气中运动都将产生阻力,这是因为空气作为一种流体具有黏性,可以阻碍物体的运动,物体的运动,由此产生阻力。对于直升机来说,阻力有以下几种形式:

1. 型阻(form drag)

型阻由机身的整体外形产生,良好的机身外形可以减小但永远不能消除这种阻力。

2. 废阻(parasite drag)

废阻由机身的外部附件如起落架、浮筒、外挂副油箱等产生,安装不正确的面板、受腐蚀的前缘等也会产生废阻。

3. 翼型阻力(rotor profile drag)

翼型阻力由桨叶在空气中转动产生,桨叶角越大,阻力越大;桨叶角越小,阻力越小。

4. 诱导阻力(induced drag)

当旋翼转动时,因桨叶的作用空气被诱导向下流过主桨毂,空气的流动产生反作用力,这种阻力叫作诱导阻力。诱导阻力在直升机悬停时最大,因为此时空气相对飞机没有运动;当直升机处于飞行状态时,空气与飞机有相对运动,诱导阻力减小。

上述各种阻力作用于直升机及其旋翼系统,阻力的综合效应称作总阻力。在水平飞行状态,阻力的作用方向与推力相反,当飞行速度增加时,阻力也增加。阻力与推力相等时,直升机处于匀速运动状态。

阻力的作用方向永远与速度方向相反,大小与飞行速度的二次方成正比。

从某种意义上说,阻力也可能单独作用在某片桨叶上。在现代直升机上具有垂直关节,这种垂直关节也叫阻力关节或摆振关节,它可以使桨叶在水平方向摆动。

必须允许每片桨叶在水平方向摆动的原因如下:

(1)桨叶的惯性。在旋翼开始转动和减速停车时,由于桨叶的惯性作用,会产生反向运动的趋势。

(2)阻力的交替变化。飞行中当桨叶运动方向与气流流动方向相对时阻力增加,与气流流动方向相同时阻力减小。

(3)科利奥里斯效应(coriolis effect)。根据动量守恒定律,当物体转动时,物体将保持匀速转动状态直到有外力改变其转动速度。当转动中物体的重心相对于转动轴的位置改变时,物体转动的角速度将改变。如果重心向着转动轴移动,转动的角速度增大,反之角速度减小。

科利奥里斯效应的最佳例子是花样滑冰选手所做的冰上转圈运动。在转圈初期,选手通常将手臂伸出以保持平衡,转动中逐渐将手臂收拢直至环抱于胸前,没有施加任何的外力但此时的转动速度增大,这是因为手臂的收拢改变了人体的重心位置。当转动结束时手臂再次展出,转动速度又逐渐减慢。

对于直升机的主桨叶,当桨叶向上挥舞时,重心向转动轴靠拢,桨叶加速;当桨叶向下挥舞时,重心向外移动,桨叶减速。图 7-10 所示为桨叶在挥舞时重心位置的变化。

需要注意的是,科利奥里斯效应在直升机处于过渡飞行状态时最大,悬停时则不存在。

(4)胡克效应(hooker joint effect)。当桨叶形成的转动锥体的轴与主桨轴不再重合时,会产生胡克效应(见图 7-11)。

直升机在悬停状态时,两个轴互相重合,进入过渡飞行状态时,旋翼旋转平面相对于主桨轴产生倾斜而产生胡克效应,也叫万向节效应(universal joint effect)。

为保证旋翼转速不变,前进桨叶(桨叶运动方向与气流流动方向相反)必须加速,后退桨叶(桨叶运动方向与气流流动方向相同)必须减速。

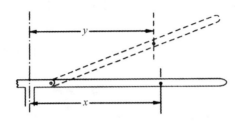

图 7-10 桨叶挥舞时重心的改变

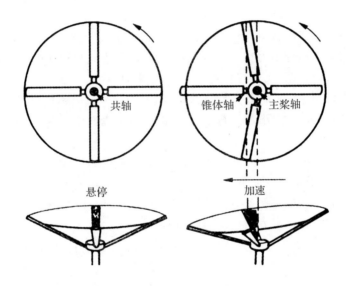

图 7-11 胡克效应

科利奥里斯效应和胡克效应在过渡飞行阶段是同时存在的,实际上在飞行中两种效应互相作用互相抵消,桨叶在垂直关节上的水平摆动量很小,只有当直升机振动较大时反应量才较大。

7.4.3 功率变化

本节着重阐述飞行速度增大时为保持平飞功率的变化情况。

图 7-12 所示为飞行速度与功率的曲线图,图中上部的直线代表最大可用功率,当扭矩、旋翼转速、高度不变时,可用功率是恒定的,因此图中的直线位置也将保持不变。可用功率线的位置取决于大气条件如大气温度、大气压力和大气密度等。例如,在热带气候条件下飞行,可用功率线比在温带气候条件下更低。

从曲线中可以得到以下结论:

(1)直升机在无地面效应条件下悬停需要的功率大于在有地效条件下悬停需要的功率。

（2）当直升机从悬停状态向直接飞行状态转变时，需要增加功率。在地面效应失去时所需功率值与无地效时的相同，此时飞行速度约 15 Kn（1 Kn＝1.852 km/h）。

（3）当直升机的飞行速度大于 15 Kn 且开始加速时，旋翼诱导阻力将减小，速度越大，诱导阻力的减小量越大，因此总阻力减小。

（4）当飞行速度达到 60 Kn 时，直升机的废阻等阻力增大，且其增加量抵消了诱导阻力的减小量，从而使得总阻力增大，需用功率也增加。

（5）由于阻力的大小与速度的二次方成正比，所以速度超过 80 Kn 后阻力增大的影响迅速增强，必须不断增加功率输出来克服阻力的增大。

必须指出，只要需用功率曲线在可用功率线之下，直升机可以在任何条件下飞行，包括在任何速度下爬升，但升降速度取决于剩余功率的多少。

如果在热带气候条件下起飞时需用功率大于可用功率，则必须减小直升机的起飞质量或者使用滑跑起飞。

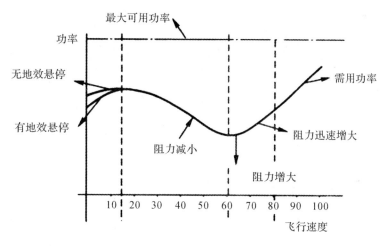

图 7 - 12　功率曲线变化

7.5　悬停和地面效应

7.5.1　垂直飞行

直升机的一个重要特点是具有垂直上升和下降的能力，不需要跑道起飞，而且降落场地的限制条件也不用那么高，如海上钻井平台、丛林的空地等均可降落。如前所述，旋翼有效力的作用点在桨盘的中心，作用方向与叶尖旋转平面垂直。

如果所有桨叶的桨叶角同时且等量增加，每片桨叶产生的升力将增加，旋翼有效力的大小将增加，当旋翼有效力增大到大于直升机的重力时，直升机将垂直上升［见图 7 - 13（a）］。

通过主桨叶桨叶角的同时等量变化获得垂直飞行被称作变总距，飞行员实现变总距的方式是通过总距杆来实现，总距杆通常位于飞行员位置的左侧，操纵遵循自然法则，即提起杆直升机上升，放下杆，直升机下降。如果在飞行中旋翼有效力减小至小于直升机的重力，则直升机垂直下降［见图 7 - 13（b）］。

7.5.2　油门内联装置

当提起或放下总距杆时,桨叶与相对气流的迎角将发生变化,作用在桨叶上的阻力也将改变,增加桨距,桨叶迎风面积增大,阻力增加,如果没有任何补偿措施的话,桨叶转速将减小,升力的增加将被抵消而随之减小了。因此,当提起总距杆时,应提供额外的功率以保持旋翼转速不变,反之亦然。为实现这种补偿,直升机设计时将总距杆与油门杆进行内部连接,当提起总距杆时,自动增大油门提供额外功率;当放下总距杆时,油门自动减小以减小功率输出。

图7-14所示为油门内联装置示意图,操纵总距杆前端的油门手柄既可实现功率的补偿,同时该手柄还可在发动机起动或关车时用于打开和关断油门,油门的操纵不受总距杆的位置的影响。

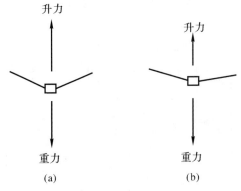

图7-13　直升机垂直飞行时的受力
(a)升力大于重力;　(b)升力小于重力

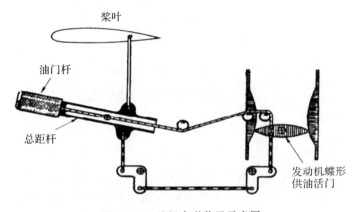

图7-14　油门内联装置示意图

燃气涡轮发动机的控制原理相同,最典型的例子是装有PT6系列发动机的直升机,燃气涡轮的转速由油门手柄控制,油门手柄的位置直接对应燃气涡轮转速(N_g)调节器,当提起或放下总距杆时,输入一个信号到自由涡轮转速(N_f)。调节器以保证自由涡轮转速和旋翼转速(N_r)恒定。

现代一些直升机的发动机采用燃油电子调节器,总距杆位置信号通过预调器以电子信号的形式传递给电子控制装置，预调器与总距杆以机械形式连接。

7.5.3　悬停和地面效应

当旋翼升力大于直升机重力时，直升机将垂直上升，如果上升到一定高度而减小旋翼升力使之与重力大小相等、方向相反时，直升机将停止上升，这种飞行状态叫作悬停。

只要旋翼能够产生足够的升力来平衡飞机重力，直升机便可在任何高度悬停。

当直升机在较低的高度悬停，即非常接近地面时，这时的状态可以产生地面效应，这是由于桨叶叶尖处空气速度较大，形成一道从叶尖至地面的气帘，主旋翼转动带来的下洗气将被集中在桨盘和机身下方，相对增大了主桨下部空气的密度，由升力公式可知，密度增加，升力增大，产生地面效应。因此，由于地面效应的作用，升力增大，保持悬停所需的功率也就减小。

地面效应的最大有效高度大约等于旋翼直径的一半，随着高度逐渐增大至旋翼直径，地面效应逐渐减小直至完全消失（见图 7 - 15）。

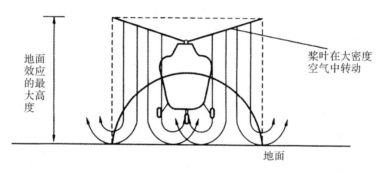

图 7 - 15　地面效应

地面效应的另一个名称叫作地面气垫，当直升机从悬停转为前飞状态时，主桨平面的前倾使得高密度空气向后移动，直升机必须增加功率以补偿因地面效应减少而带来的升力的降低。

7.6　过渡飞行和转换飞行

7.6.1　过渡飞行

过渡飞行是指直升机从悬停状态转变成转换飞行状态之间的过程。要实现这个转变，首先应使主桨旋转平面向着需要飞行的方向倾斜。由于旋翼有效力与叶尖旋转平面相垂直，所以旋翼有效力也将向着同方向偏转。这样将破坏升力和重力之间在悬停时的平衡状态，如图 7 - 16 所示，将两个力按照力的合成法则进行合成，得到如图 7 - 17 所示的合力。

图 7 - 17 中升力和重力的合力目前没有与其相平衡的力，直升机将沿着合力的方向运动，这个合力叫作推力。

从图 7 - 17 中还可以看出，由旋翼有效力偏转产生的合力，也就是推力，它的作用方向并不是水平的，而是略向下倾斜，若不作修正，直升机将在前飞的同时还将下降高度，伴随着地面效应的失去，其下降速率会迅速增加。为弥补上述现象，应增大旋翼有效力，使合力方向成水平。从实际操纵上来说，应提起总距杆增加发动机的功率输出，这样可以使直升机保持水平飞行。也可以理解为在过渡飞行阶段,直升机旋翼旋转平面应向所需飞行的方向倾斜,同时提起总距杆增加发动机功率,使得旋翼有效力偏转且增大。它的一个垂直分量是升力,且与重力平衡,另一个水平分量可以使直升机进入水平飞行状态,如图 7 - 18 所示。

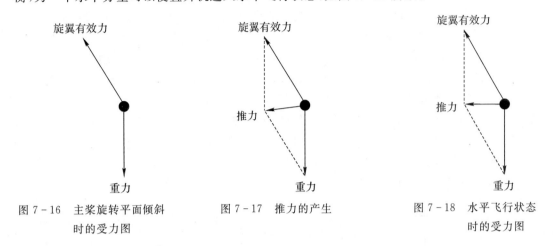

图 7 - 16　主桨旋转平面倾斜
　　　　　时的受力图

图 7 - 17　推力的产生

图 7 - 18　水平飞行状态
　　　　　时的受力图

7.6.2　转换飞行状态

转换飞行状态是指除垂直飞行以外的其他飞行状态。要进入转换飞行状态,应将旋翼旋转平面向着所需方向倾斜,旋翼有效力的水平分量将使直升机向着所需方向运动。

如果桨叶的桨叶角增大,攻角增大,桨叶产生的升力增大,桨叶向上挥舞;反之,桨叶的桨叶角减小,攻角减小,桨叶产生的升力减小,桨叶向下挥舞。

因此,如果在桨叶转动的圆周中的前半周过程中桨叶角逐步增大,后半周过程中桨叶角逐步减小,则桨叶将在转动的圆周中前半周是向上挥舞,后半周是向下挥舞,最终的结果是旋翼旋转平面得到了倾斜,旋翼有效力得到了偏转。

图 7 - 19(a)所示为悬停状态,(b)所示为转换飞行状态。

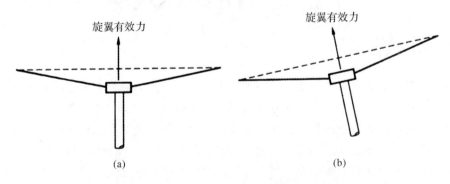

图 7 - 19　旋翼有效力在不同飞行状态时的方向
(a)悬停状态;　(b)转换飞行状态

实现转换飞行状态的操纵装置叫作周期变距杆(俗称操纵杆),它在驾驶舱中的位置与固定翼飞机上的操纵杆的位置相同。操纵周期变距杆将使所有主桨叶的桨叶角沿着圆周交替变化,桨叶随之向上或向下挥舞。

周期变距杆的操纵同样符合人的习惯,即前推周期变距杆,旋翼旋转平面向前倾斜,直升机向前飞行;如果想向左飞行,左推周期变距杆即可,依此类推。

不同的直升机采用了不同的操纵机构将周期变距杆的操纵传递到主旋翼上,最常见的是倾斜盘机构。倾斜盘机构通常由两个倾斜盘组成,一个是固定倾斜盘,一个是转动倾斜盘。当移动周期变距杆时,固定倾斜盘将向同方向倾斜,这个动作将传递到转动倾斜盘上使之同样倾斜,转动倾斜盘与变距机构直接连接,因此倾斜动作将逐渐反馈到桨叶上引起桨叶角的逐步变化,桨叶将在其转动圆周的一半中增加桨距,而在另一半中减小桨距,从而实现桨距的周期操纵。

7.7　升力不对称和桨尖失速

7.7.1　升力的不对称

这种现象发生在水平飞行状态中,前进桨叶和后退桨叶的相对气流速度的变化,造成整个旋翼旋转平面上的升力的不对称。

从升力计算公式中可以看出,如果升力系数、空气密度和桨叶面积保持不变,升力的变化将与相对气流的速度的二次方成正比。

如图 7-20 所示,假设直升机的前飞速度为 100 Kn,旋翼桨叶叶尖的转动速度为 500 Kn,则前进桨叶叶尖的相对气流的合成速度为 500 Kn+100 Kn=600 Kn,后退桨叶叶尖的相对气流的合成速度为 500 Kn-100 Kn=400 Kn,由于两边的气流相对速度不同,而升力与速度的二次方成正比,所以前进桨叶将比后退桨叶产生更大的升力。

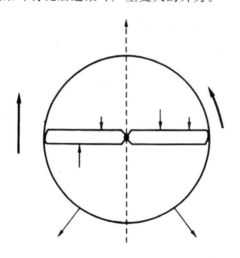

图 7-20　升力的不对称

升力的变化量将引起前进桨叶向上挥舞,而后退桨叶将向下挥舞,桨叶的向上挥舞则会减小前进桨叶的攻角,桨叶的向下挥舞则会增大后退桨叶的攻角,从而最终达到使旋翼旋转平面的升力平衡。但是,上述桨叶的上下挥舞平衡升力的不对称将引起另一个重要问题,桨叶在前进时向上挥舞和在后退时向下挥舞会使得整个旋翼旋转平面向后倾斜,而直升机前飞时旋翼旋转平面的向后倾斜显然不是我们所希望的。

因此,必须通过别的办法来平衡升力的不对称,即使用周期变距操纵法。为使直升机前飞,应向前推周期操纵杆,当直升机从过渡飞行状态转入到水平飞行状态时,直升机开始获得前进速度,旋翼旋转平面两端会产生升力的不对称而引起旋转平面有向后倾斜的趋势,这时将周期操纵杆向前稍微推一定量,使前进桨叶的攻角减小,桨叶产生的升力减小,后退桨叶的攻角增大,产生的升力增大以达到升力的平衡,这种方法叫作人工周期变距法。

如图 7-21 所示为周期变距法的过程。

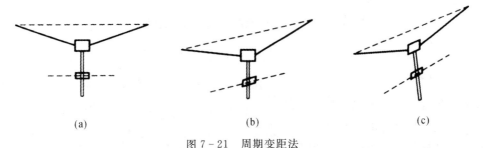

(a)   (b)   (c)

图 7-21 周期变距法

(a)悬停; (b)过渡飞行状态; (c)水平飞行状态

在实际操作飞行中,飞行员通常是将周期杆的前推量一次推到位,使旋转平面前倾,这样既获得前飞速度,同时又有足够的量克服旋转平面的后倾。

在现代直升机的结构中,桨叶与变距机构之间安装有变距摇臂,摇臂置于桨叶之前,这种安装方式使得当桨叶要向上挥舞时桨叶角自动减小,向下挥舞时桨叶角自动增大,从而平衡升力的不对称,如图 7-22 所示。这样就避免了飞行员必须操纵周期杆来克服升力的不对称,这种方法叫作自动周期变距法(Δ 铰接效应)。

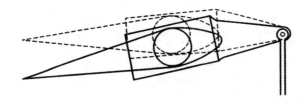

图 7-22 自动周期变距法

7.7.2 速度限制和桨尖失速

速度限制主要是指旋翼转速和直升机飞行速度的限制。

旋翼转速限制必须考虑以下几个方面。

1. 离心载荷

转速越大,作用到桨叶上的离心载荷越大,对桨叶能够承受离心载荷的强度要求越高,设计时必须在桨叶的强度和良好的翼型之间找到平衡点。

2. 升力要求

如果旋翼转速太低,桨叶不能产生足够的升力克服飞机的重力。

3. 桨叶惯性

由于桨叶的惯性作用,桨叶在飞行中转速的变化将受到阻碍,实际上主桨叶的转速在所有飞行状态中基本保持在一个很小的范围内变化。

直升机飞行速度限制考虑的一个重要因素是后退桨叶的失速。在较大的飞行速度下,气流流过后退桨叶叶根处的方向将变成从后缘至前缘,因为此时叶根处的转速远远小于飞行速度。

当出现这种情况时,这部分区域将不产生任何升力,这块区域处于后退桨叶的叶根处,形状近似为三角形,飞行速度越大,三角形的面积越大,从而引起升力的不对称越严重,在这种情况下,飞行员必须进一步前移周期操纵杆来克服这种现象(前面已讨论过),一旦周期操纵杆向前移动量达到了其限动位置而没有完全克服失速现象时,飞行速度将无法继续增大,因为旋转平面将开始向后倾斜,如图 7-23 所示。

如果为了克服后退桨叶叶根处的失速而增大旋翼转速,将引起另一种现象,即前进桨叶的激波。这是因为前进桨叶叶尖处的转动速度加上飞行速度有可能进入声速范围,叶尖将产生激波,从而引起前进桨叶升力的减小和严重的直升机振动。

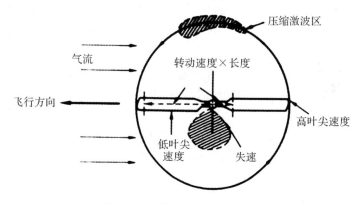

图 7-23 桨叶失速区域示意图

7.8 涡环效应和自转

7.8.1 涡环效应

这种现象会在直升机垂直下降且下降率较大时发生,是一种危险的现象。正常飞行时气流是从上至下通过主桨,而在自转时则是从下向上通过主桨。

这种现象发生后,向下的气流将由于下降率较大而存在一个向上流动的趋势,这将引起如图 7-24 所示的气流回流(涡环)的状态,涡环效应将造成气流分离、振动和升力的减小。

克服涡环效应的方法有两种。一种方法是如果直升机高度足够,飞行员可以放低总距杆进入自转飞行状态,这样可以使所有的气流都变成从下向上流动。当直升机脱离了涡环效应,再将直升机恢复到正常飞行状态,然后再以较小的下降率下降。另一种方法是飞行员前推周期变距杆,使直升机进入直接飞行状态。一旦脱离了涡环效应,再提起总距杆减小下降率。

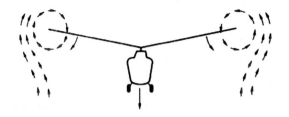

图 7-24　涡环效应

7.8.2　自转

1. 自转

如果在飞行中发动机失效(功率完全失去),只要外界条件允许,直升机可以在选定的场地或区域进行安全降落,而且不产生硬着陆,这种飞行方式叫自转。

在发动机失效的初始瞬间,飞行员必须立即将总距杆放到最低桨距位置,否则主桨转速将迅速减小而引起桨叶锥体角迅速增大,桨叶快速向上挥舞。这是因为功率失去后无法克服桨叶的型阻,大桨叶角会使阻力较大,旋翼转速会迅速下降。随着旋翼转速的迅速减小,离心力将无法再保持住理想的锥体角,锥体角将迅速增大,造成桨叶根部应力迅速增大而引起桨叶大梁弯曲甚至完全折断。

在完全放低总距杆的同时,飞行员还必须松开脚蹬,使尾桨距减小,同时操纵周期变距杆,保持约 60 Kn 的前飞速度。完成上述动作后,直升机将进入下降飞行通道且保持一定的前飞速度。

如图 7-25 所示,在正常飞行时,气流是向下进入主桨的,而在自转时,尽管主桨仍然基本保持与正常飞行时一样的前倾角度,但气流流动方向变成了从下向上。

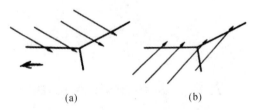

(a)　　　　　　　　　　　　(b)

图 7-25　正常飞行和自转时气流的方向

(a)正常飞行；　(b)自转

气流方向改变后,主桨上的空气动力完全改变,这个改变可以保证主桨仍然能自由转动且提供足够的升力和推力以满足安全着陆的要求。

为理解空气动力是如何改变的,必须先考虑桨叶的攻角,因为攻角决定了升力和推力的大小和变化。

桨叶的攻角由以下因素决定:直升机的下降率、直升机的飞行速度、桨叶的转速和桨叶的桨叶角(安装角)。其中的两个因素是常数,下降率取决于总距杆的位置,飞行速度取决于周期变距杆的位置,所有这些因素用矢量"下降诱导气流"来表示。"下降诱导气流"沿桨叶展向变化,从叶根至叶尖逐步增大。由于桨叶设计制造时是扭转下洗的,桨叶的桨叶角从叶根至叶尖逐渐减小。

为了分析问题方便,以西科斯基的桨叶为例,桨叶的下洗扭转角通常是 7°,当总距杆在完全放低位时,桨叶叶根处的桨叶角是 8°,叶尖处的桨叶角是 1°。另外,在桨叶上选择一个点叫"理想点",位于桨叶展向中间靠外侧一点,该点的桨叶角是 4°,我们把该点叫作"理想点"是因为在该点升力/阻力比值最小。按图 7-26(a)分析在叶根处的受力情况。

首先必须确定自转时的相对气流的大小和方向,相对气流是下降诱导气流(沿桨叶翼展方向不变)和转动诱导气流的矢量和,其中转动诱导气流值较小,是因为在叶根处桨叶的转动速度较小。自转相对气流与弦线的夹角是自转攻角,在叶根处攻角较大,此时应该产生较大的升力。然而,由于叶根处转速较小,实际产生的升力并不是期望的那么大,而且实际产生的升力与相对气流垂直且略向前倾斜,如果这个向前倾斜的升力没有平衡力,将引起桨叶加速。实际上升力分量受到桨叶型阻的制约,桨叶的型阻可引起桨叶的减速。而由于攻角较大,桨叶阻力分量也将较大且方向与升力分量垂直。

为判断桨叶是加速还是减速,必须将升力分量和阻力进行矢量合成,合成后的矢量方向略向后倾斜。

升力分量和阻力的合成矢量叫作自转力,如果这个力相对于垂直轴向后倾斜,则该力为负。将自转力分解为垂直和水平两个分力,其水平分力正好与桨叶转动方向相反,使桨叶减速,而垂直分力与重力方向相反,对直升机起一定的支撑作用。

现在分析"理想点",如图 7-26(b)所示。与前面一样,先确定相对气流的大小和方向。该处下降诱导气流不变,而转动诱导气流增大了,合成后的相对气流产生的攻角与在叶根处相比较小,相对气流的攻角和较大的转动速度共同作用将产生比在叶根处大得多的升力。

前面提到在"理想点"可以获得最佳的升力与阻力的比值,也就是说,在该点可以产生最大的升力,同时阻力最小,因此阻力小了很多。将升力分量和阻力合成后得到自转力,此时的自转力为正值,即向前倾斜。此时自转力的水平分力与桨叶转动方向相同,桨叶将加速。

现在再来分析在桨叶叶尖处的受力。首先仍然先确定相对气流的大小和方向,与前面相比,下降诱导气流不变,由于叶尖处的转速很大,以转动诱导气流增大很多,相对气流的攻角很小。虽然该点的转速很大,但升力分量值不会很大。大转速将引起较大的阻力,同时叶尖处气流产生的涡流也将引起较大的阻力,因此该点的阻力分量很大,如图 7-26(c)所示。

将升力分量和阻力合成后得到自转力,此时又为负值。自转力的水平分力又与桨叶转动方向相反,将使桨叶减速。

综上所述,自转力在桨叶的两端为负值,在桨叶的中部为正值,因此,在桨叶上必定有两个点自转力为零,如图 7-27 所示。

负的自转力使桨叶减速,正的自转力则使桨叶加速,如果正和负的自转力大小相等而方向相反,则可以互相抵消,桨叶保持匀速转动,既不加速也不减速。

在自转下降过程中影响实际旋翼转速的因素有很多,但是在各条件下转速一定是恒定的。

如果此时出现外力,如阵风影响,旋翼转速将增大,沿桨叶展向攻角会变化,这是因为转动诱导气流分量会增大,沿桨叶展向每个点的合力自转力也会改变,最终的影响是图 7-27 中的曲线将向桨叶叶根方向移动,内侧的负值区域减小,而外侧的负值区域增大,自转力的正值区域将更靠近转动轴,自转力臂减小。由于外侧的负自转力增大,力臂又长,总体结果是使桨叶减速。当桨叶减速时,自转力再次发生变化,直到桨叶恢复到其原来的转速状态而保持恒定。

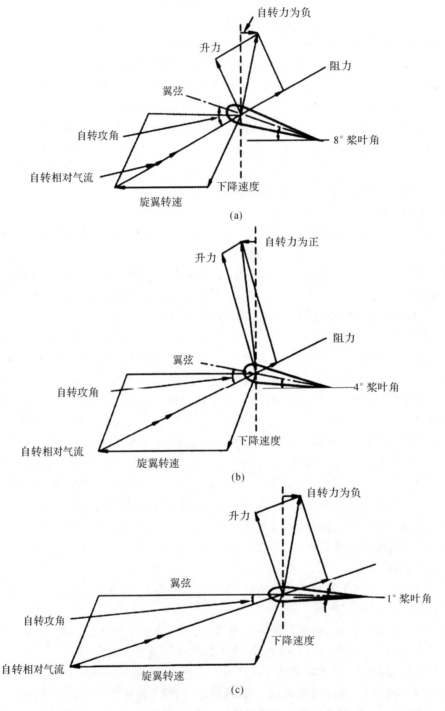

图 7 - 26 自转时桨叶各点受力分析

(a)叶根; (b)理想点; (c)叶尖

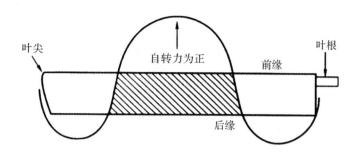

图 7 - 27　自转力分布

通常来说,自转时的主桨转速会比正常飞行时的转速高,这是因为此时的转速必须满足以下条件:一要保证有足够的转速,二要产生足够的升力而不致引起下降率过大。自转时对旋翼转速的主要限制是桨叶的离心载荷将影响桨叶的强度,除了这个考虑之外,在自转下降时自转的旋翼转速当然是越大越好。

改变自转旋翼转速的方式有以下几种。

(1)总桨距操纵回路的调节。将总桨距杆放到其操纵的最低位置时主桨的转速将最大,如果这个最低位置在操纵系统调节时设置得太高,自转旋翼转速会太小,此时飞行员将没有办法增大转速;如果设置的位置过低,自转转速过大时,飞行员则可略提起总桨距杆以减小转速。

(2)直升机质量。直升机质量越大,自转下降率越大。下降率越大,下降诱导气流越大,旋翼自转转速越大,此时也可通过控制总距杆位置来控制转速。

(3)飞行高度。高度较高对转速的影响有两个方面,由于高度高,空气密度小,升力减小,下降率增大,同时阻力减小而转速增大。转速的控制仍然是通过总距杆位置。随着高度下降,密度增大,总距杆也须略微放低以适应转速变化。

(4)飞行速度。直升机在自转下降时仍处于直接飞行状态,当飞行速度增大到某个值时,桨叶的阻力最小。

必须认识到从正常飞行状态过渡到稳定的自转飞行状态并不是瞬间就能完成的,因此自转飞行必须要有一个最低安全高度,如果直升机处于最低安全高度以下,安全自转落地是不现实的。

在各机型的飞行手册中都用图表的形式给出了本机型自转飞行的危险高度,图 7 - 28 所示就是其中的一个例子,图中在零飞行速度时直升机的自转安全高度是 400 ft(1 ft ＝ 0.304 8 m)。随着飞行速度的增加,安全高度值减小,直到飞行速度超过 65 Kn 时,由于速度较快,离地面太近则无法完成自转落地,这时高度至少要在 50 ft 以上方可保证飞行的安全。

2.拉姿态

前面讨论了自转下降中由于向上的相对气流而影响直升机操作和控制的原理及方法,自转的下降率虽然可以控制,但仍然偏大。因此,飞行员在落地前必须减小下降率以获得柔和的降落。

飞行员在落地前需要采取的动作叫作拉姿态,是指修正直升机落地前的姿态和旋翼旋转平面的姿态。

下降率矢量是由水平(飞行速度)矢量和垂直(垂直速度)矢量合成的,水平矢量的大小取决于周期变距杆的位置,而垂直矢量取决于总距杆的位置。飞行员在落地前实际上是要减小水平和垂直速度以减小下降率。

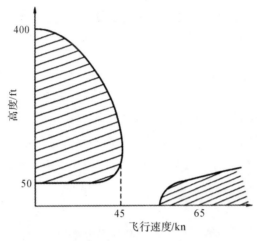

图 7-28 某机型自转安全高度

在选定的降落区域上方约 50 ft 的高度,飞行员应向后带杆(周期变距杆),使旋翼旋转平面后倾,直升机变成明显的抬头姿态,并出现以下情况:

(1)随着旋转平面的后倾,桨盘与相对气流间的攻角明显增大,如图 7-29 所示。

(2)攻角增大将使升力矢量增加,旋翼转速增大,自转力增大,增大了用于平衡直升机重力的升力,减小垂直速度。

(3)桨盘向后倾斜,使得旋翼有效力也向后倾斜,其水平分力也变成向后以减小水平速度。

同时由于拉姿态引起旋翼转速增大可以进一步减小直升机的下降率。

拉姿态时直升机抬头,处于机头朝上状态,落地前飞行员必须再把直升机恢复到水平状态。因此,首先应将周期变距杆前推至中立位,同时提起总距杆以增大旋翼有效力,这样可以逐渐减小下降率直至为零,直升机方可落地。但此时飞机仍有一小部分的剩余前进速度,所以落地后通常直升机仍会向前滑出一段距离才会完全停止。

(a)   (b)

图 7-29 拉姿态

(a)下降中; (b)拉姿态

7.9　直升机的稳定性和外界影响

7.9.1　稳定性

直升机的稳定性是指直升机在外力的作用下能够恢复到原来的飞行路线和飞行姿态的能力。理论上,直升机主桨系统本身是不稳定的,也就是说,桨盘的姿态必须随时由周期变距杆控制和操纵,任何非人为的主桨桨盘姿态的改变必须通过物理操纵才能恢复到原姿态。全铰式主桨正是如此,而有的主桨加装了其他的增加稳定性的方法,如平衡棒等,即使这样,桨盘的姿态仍然由周期变距杆来决定,要想保证桨盘保持在一个所需的姿态,周期变距杆不能松开,必须始终保持在一个选定的位置。

许多现代直升机都使用了自动飞行控制系统(AFCS)或增稳系统(SAS),使飞行员不必始终在杆上不停地修正就能自动补偿姿态和航向的非人为改变。

AFCS 或 SAS 系统的传感器感应因阵风或风向的突然改变引起的姿态变化,并将修正信号输入到主桨或尾桨上,它对直升机的操纵与飞行员的操纵无直接关系。

这些系统严格来说并非自动驾驶系统,因为其功能受限制且飞行员在飞行中必须时刻监控它的工作,而只有助于直升机保持选定的姿态和航向。

在最大飞行速度(周期变距杆处在最前的限动位)时,主桨具有很高的稳定性,这时如果因外界因素飞行速度增大,相对气流将使桨盘因升力的不对称而向后倾斜,使飞行速度下降而恢复到原来的状态。

在前飞速度很小时,主桨是非常不稳定和非常危险的,这时如果有阵风影响,引起旋转平面向后倾斜,旋翼有效力的水平分力作用方向会变成与直升机飞行方向相反,直升机向前飞行时向后作用的分力形成一转动力矩而造成直升机抬头,导致主桨进一步向后倾斜,继续增大向后作用的水平分力,从而使情况进一步恶化,甚至引起严重的后果。消除此影响的方法是飞行员将周期变距杆迅速前推。

前飞时另一个影响稳定性的重要因素是横向杆力,如果不修正这个杆力,将引起直升机的滚转,这个力来自于变距拉杆对飞行载荷的反作用力。在向前飞行时,整个操纵机构均向前倾斜,变距拉杆在直升机的纵轴上位于最低点和最高点时,由于相位滞后现象的存在,在变距拉杆的最大的飞行载荷力的作用下将发生横向位移,前进桨叶上的力作用方向向下,后退桨叶上的力作用向上,其反作用力将使直升机的整个操纵机构朝着后退桨叶方向倾斜。对于旋翼逆时针方向转动的直升机来说,机体将向左滚转。为避免这种现象,有的直升机在横向装有平衡弹簧。而对于大型直升机,没有液压助力系统飞行员是无法用杆来控制的,因此直升机上一般都有两套以上的液压系统,以便在一套失效时仍能操纵直升机。

7.9.2　桨叶挥摆和地面共振

1. 桨叶挥摆

桨叶挥摆发生在大风天气,直升机在地面且旋翼转速很低的时候,主要是在刚启动和发动机停车时易发生,尤其是在发动机已停车旋翼仍在转动时更危险。

发生这种现象的主要原因通常是直升机在地面迎风停放,大风天气风速较大,由于升力的不平衡造成前进桨叶升力增加,向上挥舞,后退桨叶则因转速低风速大使得升力很小而向下挥舞。因此桨叶挥摆的最低点将出现在机身的正后方,即尾梁的上方,如果这种现象不断加剧,桨叶的摆动量不断增大,桨叶有可能撞击到尾梁。

为防止这种现象的发生,直升机主桨系统安装了下垂限动器(下限动环)来防止桨叶过量地向下挥舞,安装挥舞限动器(上限动环)来限制桨叶过量地向上挥舞。

限动器的工作原理是离心力操纵的机械控制装置,旋翼转速超过一定值后,装置中的离心飞重块在离心力的作用下松开限动器,桨叶可自由地上下挥舞,而在低转速时(刚启动或停车过程中)飞重块在弹簧力的作用下回到限动位置,使得桨叶的挥舞受到限制。

2.地面共振

地面共振是指直升机在地面因桨叶转动而产生的振动逐渐增大幅度直接影响到直升机的起落架,先影响一侧,然后再影响另一侧的现象。一旦地面共振发生,振动将逐渐加剧恶化,导致直升机翻滚甚至断裂。

这种现象在装有带减震支柱的轮式起落架的直升机上容易发生,在滑橇式直升机上也可能发生,但由于滑橇刚性较强,共振时可以吸收绝大部分的振动。

地面共振的主要原因是由于主桨的不平衡或主桨的锥体不好,因主桨锥体不好或不平衡将引起直升机的振动,振动先发生在一侧,再传到另一侧。如果这个振动的频率与直升机起落架的振动频率相同,将产生共振。

如果起落架机轮的气压正确,减震支柱的充气压力正确,共振发生的可能性就很小,这是因为在设计直升机时已充分意识到了这个问题,在设计时设定的轮胎气压和减震支柱的压力值引起的振动频率不会与主桨振动频率相一致。

多数直升机在刚启动时会出现摆动,飞行员通常可以尽快增大旋翼转速越过此区域,如果这种摆动发展成地面共振,要想摆脱此局面飞行员应马上将直升机提起升空,也就是说让起落架离地,振动值降低到一定水平后飞行员再将直升机落地,尽快停车。

7.9.3　机身姿态

一般来说,直升机的重心都处在主桨轴的正下方,直接与旋翼有效力相对应,事实上直升机的重心位置可以在一允许的范围内变化。

当直升机在悬停时,旋翼有效力的反作用力将通过直升机的重心,且方向是垂直向上,因此机身在悬停时的姿态取决于重心的位置。如果重心在规定范围的最前或后端,机身将出现低头或抬头的现象,如图 7-30 所示。

在前飞状态旋翼旋转平面向前倾斜,旋翼有效力向前倾斜,作用点在机体重心的后部,机体会产生低头姿态,飞机重心位置随之改变直到作用点与重心重合,旋翼旋转平面前倾角越大,直升机的低头姿态幅度越大。

现代直升机的主旋翼轴(也叫 MAST)在设计时做成不完全垂直,而是略向前倾斜,这可以使在前飞时机身能基本保持水平,提高乘客舒适度,尤其在低头姿态较大时,效果更明显。实现主旋翼轴前倾的办法是在安装时将主减速器前倾一定角度,因此,在地面如果要想使机头完全水平,机尾就会显得略低。

如果重心在规定范围之后,直升机悬停时会出现较大幅度的抬头姿态,因此必须将周期变距杆前推才能保持住悬停状态。这将严重影响直升机的飞行速度,因为杆的前推使得至限动位置的行程减小。

直升机的横向重心位置也很重要,如果重心太靠左或右,周期变距杆同样要移动一定量来保持飞机的姿态。因此,周期变距杆左右行程受到限制而影响飞机的左右飞行。

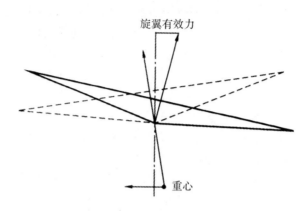

图 7 - 30　主桨的不稳定性

7.9.4　天气对起飞质量的影响

升力公式为

$$L = C_1 \frac{1}{2}\rho v^2 S$$

式中,与天气有关的参数是空气密度 ρ,空气密度的变化将改变翼型产生的升力。主桨必须产生足够的升力来平衡直升机的质量,同时产生足够的推力来保证直升机的飞行,密度越小,产生的升力越小。

天气的影响有以下几个因素:

1. 温度

温度越高,空气密度越低,产生的升力越小,因此在热带地区飞行直升机的最大起飞质量下降。

2. 湿度

湿度是指空气中水蒸气的含量,湿度越大,空气密度越小,升力也越小,因此,湿度大使直升机的起飞质量减小。

3. 气压

大气压力越高,空气密度越大,主桨能够产生的升力越大,直升机的载重也越大。

7.9.5　直升机振动

直升机由于转动部件很多,不可避免地存在振动。应该尽可能地将振动水平限制在一个规定的标准内。否则,将影响直升机的舒适程度,严重时将影响和破坏其结构强度。飞行员和维修人员都必须掌握直升机振动的类型和引起振动的原因。了解直升机振动应该从振动频率、振动的幅度、振动出现的方式和振动对直升机的影响等方面入手。

转动部件的振动一般与其转动频率相同,而直升机上部件的转动速度各不相同,因此振动频率是识别振动来源的一个主要指标。振动按频率一般分为三类：低频振动、中频振动和高频振动。

必须注意，所有的直升机出现振动如有疑问都应参考机型维护手册。例如，贝尔直升机的高频振动来自于尾桨，而中频振动则可能来自于滑橇的松动等。考虑振动的幅度或者说振动的严重程度以及转动速度、飞行速度等其他因素，可以准确地找到振动的来源。

飞行员飞行后的反映对分析振动产生的原因非常重要。他不仅能够说明振动的频率、幅度，同时还能指出振动出现的方式，即出现在操纵系统上还是出现在机身结构上等；还可以指出振动发生的阶段，如发生在悬停时还是在飞行过程中等，以及产生振动时直升机的速度等；还可以指出振动产生后对飞行有无影响，如是否造成直升机的横向或上下的摆动等。

对各种主桨系统来说，最常见的振动原因是桨叶锥体偏差。因此，首先应该在地面进行桨叶锥体的检查，符合要求后再进行悬停状态的检查。一般振动可以分为两种形式：垂直振动和横向振动。两种振动形式都与发动机功率有直接关系，输出功率增大振动增大，尤其是垂直振动更明显。

在海上平台飞行降落过程中，振动产生时会在脚蹬上感觉到大幅度的抖动。飞行员这时应该减小尾桨叶的桨距来克服这种振动，否则，振动越来越严重，会造成尾桨叶故障。尾桨叶不平衡或者尾桨轴承故障会使这种振动迅速加剧。

7.10 尾 桨

7.10.1 尾桨

有些直升机的设计不采用尾桨系统，而采用双主桨系统且转动方向相反，但绝大多数直升机采用单主桨系统和尾桨系统。

牛顿第三定律指出，任何物体受到外力的作用，必将产生一个与作用力大小相等、方向相反的反作用力。当直升机主桨在发动机的驱动下按某个方向转动时，一定会有一个与转动方向相反的反作用力试图使直升机反方向转动，我们把这个反作用力称作发动机反扭矩。

很明显，让机体在主桨转动时反方向不停地转动是不可接受的，因此在直升机上必须安装尾桨系统以产生一个侧向力偶，其方向应与发动机反扭矩力偶相反，图 7-31 所示为力偶示意图。

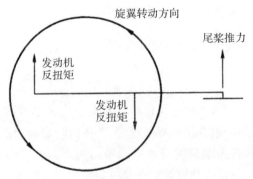

图 7-31 作用在直升机上的力偶示意图

尾桨可以安装在机身尾梁的任何一侧,现代西方直升机主旋翼的转动方向通常是俯视逆时针方向,此时如果尾桨装在尾梁左侧,叫作推力尾桨;装在右侧,叫作拉力尾桨。

发动机反扭矩随着发动机功率的变化而变化。因此,尾桨产生的平衡力偶也必须随着功率的变化而变化。通过操纵脚蹬的方式改变尾桨桨叶角大小可以实现以上目的,操纵原理与固定翼飞机的方向舵类似。

脚蹬的操纵符合人的习惯,即左脚蹬向前直升机左转,反之亦然。左脚蹬向前时,尾桨桨叶角增大,尾桨平衡力增大,尾梁将向右偏转,机则向左偏转而实现飞机的左转。右脚蹬向前时,尾桨桨叶角减小,尾桨平衡力减小,尾桨将向左偏转,机头则向右偏转而实现飞机的右转。但苏制直升机尾桨的操纵则完全相反,左脚蹬向前飞机将向右转而不是左转。因此可见,直升机尾桨除了能平衡主桨的反扭矩外,还提供直升机的航向操纵。

前面学过了自转,自转是直升机发动机失效后无法驱动主旋翼时能够安全着陆的一种方法。如果因发动机失效无法驱动主桨,尾桨产生的平衡力偶不再用于平衡发动机的反扭矩,而可以使得飞机机身实现方向性控制,同时尾桨的桨叶角值可以从正到零,甚至到负值。在正常飞行中尾桨桨叶角值一般为正,进入自转飞行后,桨叶角应减小到零左右以使尾桨不产生力偶从而保持飞机直线飞行。如果要想实现右转,则须将尾桨桨叶角值变为负值,产生反向的力偶。

驱动尾桨的功率来自于发动机的总输出功率,总功率一部分用于驱动主桨,另一部分用于驱动尾桨。当尾桨距增大时,尾桨消耗的功率增加,使用于主桨的功率减少,主桨产生的升力减小,飞行员必须提起总距杆进行补偿,否则,直升机将下降高度(有的直升机装有自动补偿系统)。当尾桨距减小时,尾桨消耗的功率减少,则用于主桨的功率增加,主桨产生的升力增大,直升机将上升高度,同样需要飞行员再进行相应的补偿操纵。

7.10.2　直升机侧移

直升机侧移发生在装有尾桨的直升机上,由于尾桨产生的侧推力是一个力偶,用于平衡发动机的反扭矩,如图 7-32 所示,此时机身的一侧有两个力的作用,而另一侧只有一个力的作用。

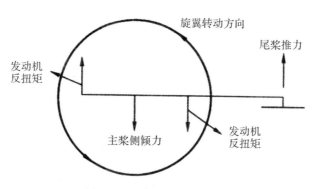

图 7-32　直升机侧移力的产生

在悬停时这样会引起直升机向一侧的移动,如果主桨的转动方向是俯视逆时针方向,侧移方向向右,这与尾桨装在尾梁的哪一侧无关。

在悬停中这种侧移是不允许出现的,因此必须有第四个力与尾桨的侧推力相反以防止侧移的发生。这个力可通过在设计直升机时将主桨轴倾斜,倾斜方向与尾桨产生的侧推力方向相反,如上面例子所述,主桨轴应向左倾斜,即将周期变距杆左移。图 7 - 33 所示为周期变距杆左移后直升机悬停时的力的分布。

现代直升机的操纵系统在设计时充分考虑到了侧移的补偿问题。当总距杆逐渐提起时,主桨旋转平面将逐渐向左倾斜,总距杆越往上提,输出功率越大,反扭矩越大,尾桨的侧推力也越大,随着总距杆不断上提,尾桨力不断增大,主桨的侧倾产生的力也越大,因此在不同的总距杆位置,飞行员基本不需要操纵周期变距杆来平衡,周期变距杆的位置仍然保持相对中立。

但主桨的侧倾会带来一个新的问题,那就是主桨的侧倾产生的平衡力和尾桨的侧推力将形成一个新的力偶,如果尾桨侧推力的作用平面低于主桨旋转平面,这个力偶将使得机身也倾斜,这将引起直升机在着陆时左主机轮总是先着地。

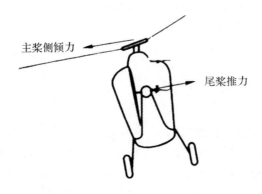

图 7 - 33   周期变距杆左移后直升机悬停时力的分布

为克服这种现象,许多直升机在设计时将尾桨安装在尾梁的最高处尾斜梁上,使尾桨的侧推力尽可能地与主桨在同一个平面上,避免在悬停时机身出现滚转力矩。

7.10.3   离心偏转力矩

离心偏转力矩(CTM)是指在离心力的作用下翼型总是具有减小桨距的趋势。

当尾桨叶转动时,离心力的作用方向始终是从尾桨毂中心向外,如果桨叶有一定的桨叶角,尾桨叶翼型的弦线肯定不与转动轴相重合[见图 7 - 34(a)]。这表明桨叶质量的一部分处在转动轴的一侧,另一部分处在转动轴的另一侧,假设两部分尾桨叶质量的重心分别为点 A 和点 B,则桨叶的离心力将分别作用在点 A 和点 B 上。

这两个离心力可以分别分解为两个分力,一个分力作用在转动平面内,且与尾桨叶的中心线平行,另一个分力与其垂直。第一个分力对桨叶产生离心载荷,另一个分力因为作用在点 A 和 B 上,且与转动有一个距离 x,将产生一个力矩,使得尾桨叶的两部分质量移动,直到点 A 和 B 能与转动轴重叠,这个力矩就是偏转力矩,它使得尾桨叶始终具有减小桨距的趋势。图 7 - 34(b)所示为离心力的两个分力;图 7 - 34(c)所示为水平分力通过点 A 和点 B 怎样产生的力矩。

克服这个问题的办法是飞行员必须蹬左脚蹬来抵消离心偏转力矩(CTM),防止尾桨叶减小桨距。但这样会给飞行员带来疲劳反应,尤其是操纵大型直升机。因此大多数直升机在尾桨操纵回路上装有尾伺服(尾助力器)帮助飞行员的操纵;同时,尾桨叶也可安装一平衡配重块,配重块安装在尾桨叶的变距机构上,与转动轴也有一定距离,也会产生离心偏转力矩,但与尾桨叶的离心偏转力矩方向相反。当尾桨叶改变桨叶角时,由于配重块与尾桨叶有机械连接,它也会相应改变与转动轴的位置,这样保证了配重块产生的离心偏转力矩始终与尾桨叶产生的离心偏转力矩大小相等、方向相反,因此两个离心偏转力矩可以相互抵消。

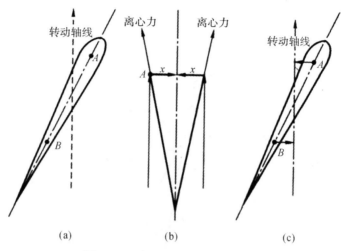

图 7 - 34　离心力与离心偏转力矩

7.10.4　尾桨升力的不对称

前面提到直升机在飞行中主桨前进桨叶和后退桨叶产生的升力不一样而引起主桨升力的不对称。对于尾桨来说,虽然其旋转平面是垂直的,而不像主桨是在水平平面,但同样也会出现升力的不对称现象,这种现象对尾桨只在前飞和后退飞行时才出现。

为克服此现象,尾桨也安装了挥舞关节。如果尾桨只有两片桨叶,挥舞关节对角线穿过尾桨毂,这样能保证当升力不对称桨叶挥舞时,尾桨叶将同时改变桨叶角,使得前进桨叶的桨叶角减小而后退桨叶的桨叶角增大,总的结果是两片桨叶的挥舞能够平衡升力的不对称。这种对角线挥舞关节也叫△3 关节,如图 7 - 35 所示。

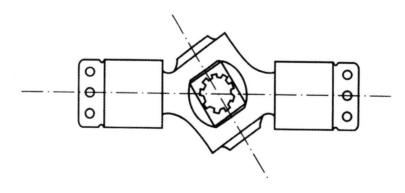

图 7 - 35　△3 尾桨挥舞关节

对于多桨叶的尾桨系统,△3关节则不起作用。克服这种现象必须将尾桨变距机构安装在挥舞关节的外侧,这样桨叶挥舞同样可以引起桨叶角的变化来平衡前进桨叶和后退桨叶的升力的不对称。

因此,在设计安装尾桨时,从后向前观察,尾桨在前飞时本身并不完全是垂直的,而是略微向外侧偏的,如图7-36所示。

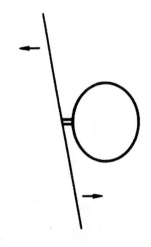

图7-36 尾桨的安装位置示意图

7.11 总 结

本章学习了直升机的基本组成构件对直升机飞行的作用,直升机飞行受力情况的分析,以及操作直升机的方式,还介绍了影响直升机飞行的外载因素。通过本章的学习,学生应掌握直升机的飞行姿态是由哪些因素影响而产生的,如何有效地控制直升机达到想要的飞行姿态。

7.12 课后习题

一、选择题

1.跟升力产生无关的因素是(   )。

A.空气密度　　　　　　B.气流速度　　　　　　C.升力系数　　　　　　D.动力类型

2.对称翼型的特点有(   )。

A.高升阻比　　　　　　B.外观符合空气动力　C.结构更牢固　　　　　D.以上都是

3.关于直升机升力与推力说法正确的是(   )。

A.推力越大,升力越大　　　　　　　　　B.推力越大,升力越小

C.推力越大,升力不变　　　　　　　　　D.推力与升力没有关系

4.机身结构各元件中不属于主要受力元件的是(   )。

A.隔框　　　　　　　　B.起落架　　　　　　　C.长桁或桁梁　　　　　D.蒙皮

5.悬停是指直升机( )。

A. 重力与升力相等且方向相反   B. 推力大于阻力

C. 升力大于重力   D. 升力和推力相等

6.关于地面效应说法正确的是( )。

A. 地面效应会减小升力

B. 地面效应会让直升机下方的空气密度减小

C. 增大升力

D. 直升机需要消耗更多的功率来进行悬停

7.直升机主桨系统安装了下垂限动器的作用是( )。

A. 限制桨叶挥舞   B. 限制桨叶过量地向下挥舞

C. 限制桨叶过量地向上挥舞   D. 以上都不对

8.尾桨的作用是( )。

A. 提供升力   B. 平衡发动机反扭矩

C. 减小阻力   D. 提供附加动力

二、简答题

1.简述直升机升力的产生过程。

2.悬停时直升机的受力情况是什么样的？是通过什么方式实现的？

3.影响直升机飞行的天气都有哪些？对直升机会产生什么影响？

4.地面共振产生的原因有哪些？

第8章　多旋翼无人机结构与原理

8.1　课前预习

📖 **在书中找到答案**

(1)常见的旋翼机分类。

(2)旋翼无人机的主要构造。

(3)旋翼无人机的基本运动状态。

8.2　多旋翼无人机结构与原理概述

多轴飞行器是一种利用多个旋翼作为飞行引擎来进行空中飞行的飞行器。进入20世纪以来,电子技术飞速发展,四轴飞行器开始走向小型化,并融入了人工智能,使其发展趋于无人机、智能机器人。

多轴飞行器不但实现了直升机的垂直升降的飞行性能,同时也在一定程度上降低了飞行器机械结构的设计难度。多轴飞行器的平衡控制系统由各类惯性传感器组成。在制作过程中,对整体机身的中心、对称性以及电机性能要求较低,这也正是制作四轴飞行器的优势所在,而且相较于固定翼飞机,四轴也有着可垂直起降、机动性好、易维护等优点。

在实际应用方面,四轴飞行器可以在复杂、危险的环境下完成特定的飞行任务,也可以用于监控交通、环境等。比如,在四轴飞行器上安装甲烷等有害气体的检测装置,则可以在高空定点检测有害气体;进入辐射区检查核设施;进行军事侦察;甚至搬运材料,搭建房屋;等等。

多旋翼无人机的任务根据航程、续航时间、速度及有效载荷能力来决定,通常在设计无人机之初主要是依据有效载荷和任务具体要求来设计。最常见的任务包括航拍、植保、巡线、刑侦和救援等等。任务不同,需求也不同,对性能要求有各自的侧重点,但目前最迫切的需要是在保证有足够的任务载荷情况下能够提供更长的续航时间。市场上可见的多旋翼无人机多应用在民用领域,在军事上应该有大规模应用的前景,但尚未普及,这也对多旋翼无人机的稳定性、可靠性和适应各种复杂环境的能力提出了挑战,目前多旋翼无人机正朝着模块化结构迈进,这大大简化了多旋翼无人机的结构,对进一步拓宽市场起到了一定的推进作用。

本章所讲内容：

(1)常见旋翼机的分类及其对应特点；

(2)四轴飞行器的结构组成及工作原理；

(3)旋翼机的控制原理与基本运动状态；

(4)旋翼无人机的飞行、维修与保养。

8.3 多旋翼无人机的分类

多轴飞行器按轴数分有二轴、三轴、四轴、六轴、八轴甚至十八轴等。按发动机个数分有三旋翼、四旋翼、六旋翼、八旋翼甚至十八旋翼等。多轴飞行器的定义元素主要是两方面，一是电机的数目，定义了旋翼数 N；二是机架的机臂(轴)的数目 M，定义了飞行器是 M 轴飞行器。一般称一个飞行器为 M 轴 N 桨飞行器。应明确的是轴和旋翼一般情况下是相同的，有时候也是不同的，比如四轴八旋翼，是将四轴上每个轴上下各安装一个电机构成八旋翼。本书以四旋翼为主。

1.两桨旋翼无人机、共轴双桨旋翼无人机

两个旋翼并排安装或者同时固定在飞机顶部，如图 8-1 所示。这类旋翼无人机特点为结构简单、操作较难、载重量少、稳定性不佳。

2.三旋翼无人机

一般有两个轴在飞机正向，一个轴在飞机负向，机身呈 T 形或者 Y 形，如图 8-2 所示。负向的电机通过自身的旋转来调整飞机固定在某个航向上，三旋翼通常比两旋翼更好控制，也上升得快一些，但是并不显著。当然，如果电机停止运转，那么飞机必将坠毁，但这类无人机相对比较敏捷。

图 8-1 两桨旋翼无人机

图 8-2 三旋翼无人机

3.四旋翼无人机

四旋翼无人机按其机臂构建形式的不同可分为 X 形四旋翼无人机、十字形四旋翼无人机、H 形四旋翼无人机和 V 形四旋翼无人机(见图 8-3)。四旋翼无人机比三旋翼负重更多，也更容易组建，因为四旋翼不需要独立的旋翼来控制单一的参数。它们更稳定，并且飞行时间更长，承载更大。四旋翼通过减少其中两个电机的转速来实现横滚，而另外两个电机就可以控制整个飞机的航向了。V 形四旋翼更像一个三旋翼和四旋翼的混合体。后面两个旋翼距离较近，并且呈内向或者外向 $30°\sim55°$，由于气流的作用，这类设备的偏航更加灵敏。

图 8-3 常见四旋翼无人机

(a)X形四旋翼无人机； (b)十字形型四旋翼无人机； (b)H形四旋翼无人机； (d)V形四旋翼无人机

4.六旋翼、八旋翼无人机

六旋翼、八旋翼无人机(见图 8-4、图 8-5)的基本设计模式是相同的。旋翼围绕着一个中心点布置,围成一个圆的形状,也有些模型将旋翼安装在顶部。Y形六旋翼看起来像一个三旋翼,但在其中没有一个旋翼独立控制独立的参数。相反,飞机的偏航是类似四旋翼一样,通过改变电机的速度实现的。相比独立设计偏航旋翼而言,此类设计感觉不如独立偏航灵敏。

图 8-4 六旋翼无人机

图 8-5 八旋翼无人机

更多的旋翼使得飞行器能够载重更多,并且其稳定性更好。这种多旋翼飞机在飞行控制器的控制下,当一个或多个电动机断电时,仍可以保持飞行能力而不至于坠毁。但是当然飞机总重和它搭建的复杂性及其价格都是成正比的,而且更多的旋翼也需要大量的电力供应,需要携带的电池也更大。

8.4　多旋翼无人机的作用与意义

旋翼无人机就相当于横列式直升机,具有垂直起降和空中悬停直升机的优良飞行性能,并且不需要机场。

固定翼飞机与直升机相比,动效高出很多,并且能达到快速的目的。但是,固定翼飞机的使用是离不开机场的,而建一个机场需要占用大片土地。

直升机不受机场的约束,可以在空中任意往来,来满足人们的需求。但是,因直升机的操纵、维修复杂,造价高昂,能耗高,经济性能低等原因不能大量推广应用。

多旋翼机比直升机的能源利用率提高 30% 以上,即动效提高 30% 以上。由于不需要机场,可进行垂直降落,所以,可以充分利用城市建筑的屋顶,并能满足城市生活各个方面的需求,给人们带来更大的经济效益和社会效益。若对机舱底部进行密封设计,则能在水面上起降,在合适的空域及水面上能充分利用地面效应。

8.5　多旋翼无人机的构造及原理

8.5.1　四轴飞行器结构组成

四轴飞行器属于旋翼式无人飞行器的一种,四轴(多轴)飞行器也叫四旋翼(多旋翼)飞行器,从一定角度上可以看作四个具备相同功能的直升机组合,但与直升机有着较大的差异。它有四个(多个)螺旋桨,四轴(多轴)飞行器也是飞行器中结构最简单的飞行器了。前、后、左、右各一个旋翼,一方面可以利用相互作用的原理来抵消掉各个旋翼产生的反桨矩;另一方面还可以通过调节两对旋翼所产生的扭矩和升力大小,来控制飞行器的飞行姿态,而不需要调节桨叶间的桨矩角,从而简化控制方式。

其中位于中心的主控板接收来自于遥控发射机的控制信号,在收到操作者的控制后通过数字的控制总线去控制四个电调,电调再把控制命令转化为电机的转速,以达到操作者的控制要求。根据所安装的飞控系统来确定电机的转动顺序和螺旋桨的正反,机械结构上只需保持重量分布的均匀,四电机保持在一个水平线上,可以说结构非常简单,做四轴的目的也是为了用电子控制把机械结构变得尽可能地简单。其组成与结构形式如图 8-6 所示。

8.5.2　机架

1.机架的结构与作用

机架是多旋翼的承载平台与大多数设备的安装位置,也是多旋翼无人机的主体。因此,多旋翼的机架的好坏,很大程度上决定了这架多旋翼是否好用。衡量一个机架的好坏,可以从耐用性和安全性、使用方便程度、元器件安装是否合理等方面考察。

在四轴飞行器中机架相当于人体的骨骼,机架决定了飞行器的主体结构,如图 8-7 所示。机架是飞行器的基础平台,电机、电调和飞控板(飞行控制器)等设备都要安装在机架上面。机架的主要作用如下:

(1)提供安装接口。这些接口包括安装和固定电机、电调、飞控板的螺丝孔。

（2）提供整体的稳定和坚固的平台。飞行器飞行过程中需要一个稳定坚固的平台，这样可以使得电机转动过程中不会毁坏其他设备，并为传感器提供一个稳定的平台。

（3）起落架等缓冲装备可以为飞行器提供安全的起飞和降落条件，避免损坏其他仪器。

（4）保证足够低的质量。这样就可以给其他控制设备提供更多的余量。

（5）提供相应的保护装置。这里的保护装置用于保护飞行器本身和可能接触到的操作人员。因为飞行过程中会存在各种不可预知的情况，一定的保护措施可以保护器械和其他人员，减少不必要的损失。

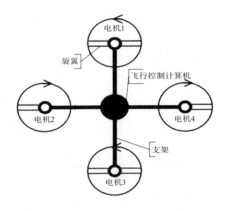

图 8-6　旋翼无人机组成与结构形式

图 8-7　旋翼无人机机架

2.机架的分类

（1）塑胶机架。其材质由塑胶制作而成。主要特点是具有一定的刚度和强度，同时又有一定的可弯曲度。其材质适合初学者，相对来说较为廉价（也不一定所有塑胶机架都十分廉价）。如图 8-7 所示为塑胶机架的一种。

（2）玻璃纤维机架。玻璃纤维机架强度比塑胶机架要高（即"耐摔"，但不建议做此尝试）。因为其强度较高，所以常常制作成的长长的管道形，而且需要的材料很少，所以减少了整体机架的质量（见图 8-8）。

（3）碳纤维机架。碳纤维机架与玻璃纤维的机架相比可以说相差无几，但是就发展前景来说，碳纤维机架更有前途。不过也许某一天玻璃纤维或其他材料会代替碳纤维。相对来说玻璃纤维和碳纤维的机架价格比其他机架高一些，但是考虑到省下来的质量，有时候可以考虑使用这些材料。碳纤维机架如图 8-9 所示。

（4）钢制或铝合金机架。钢制或铝合金机架，因其材料所做出的机架有各种缺点，较少用于旋翼无人机。钢制或铝合金机架如图 8-10 所示。

图 8-8　玻璃纤维机架

图 8-9　碳纤维机架

图 8-10　合金机架

3.机架的选择

机架应用材料的不同对无人机的性能有较大的影响,具体参数见表 8-1。选择机架时还需要注意以下问题:

(1)机架的强度:直接决定了飞控板的寿命。

(2)是否可以合理布线:合理布线首先是为了容易区分不同的线路,再者可以看出制作者思路清晰。

(3)机架的质量:在飞行中质量是一个严重的问题,飞行器每增重 1 g 都会给电机带来很大的影响,都必须靠电机增加转速,才可以让飞行器飞起来。

(4)镂空过多、中心板薄、电机臂碳管过小的机架会带来无法消除的震动,使航拍画面产生水波纹而无法忍受,且给飞控带来负作用较大的信号噪声,影响姿态数据采集和动力输出。如飞行器起飞质量大于 4 kg,建议电机臂碳管不小于 16 mm 或以上,机架碳板厚度达到1.5 mm或以上。

市面上不少碳纤机架边缘过于锋利,如果不加以处理,长时间与线材摩擦,会造成绝缘皮破损,甚至短路。动力线、信号线等需要穿越碳纤机架边缘、开槽、开孔处时,建议用胶布先覆盖线材需要穿越区域或套上蛇皮管,保护线材绝缘皮不会磨损。如有耐心,能再次打磨机架边缘并用 502 封边则更佳。

表 8-1　不同材料机架所对应参数性能

参数性能	碳纤维	玻璃钢	聚碳酸酯	丙烯酸塑料	铝合金	轻木
密度/(lb/cuin)	0.05	0.07	0.05	0.04	0.1	0.002 7~0.008 1
刚度/msi	9.3	2.7	0.75	0.38	10.3	0.16~0.9
强度/ksi	120	15~50	8~16	8~11	15~75	1~4.6
价钱(越大越优)	1	6	9	9	7	10
加工(越大越优)	3	7	6	7	7	10

注:①刚度。弹性模量表示材料在弹性变形阶段,其应力和应变成正比例关系;形变越难改变,刚度越大,1 MPa=0.000 145 msi。②强度。抗拉强度就是试样拉断前承受的最大标称拉应力,1 ksi=6.895 MPa。

小贴士:平衡机架中心板

以四轴为例,安装云台、图传、动力电池后,以两把螺丝刀为起具,抬起中心板横向两边中点,以飞行器中心板可水平抬起为准。如有某一方倾斜,须调节动力电池或云台位置,以使飞行器中心板达到平衡,避免重心问题导致的额外动力开销。

8.5.3　起落架

起落架为无人机机身提供支撑,是多旋翼无人机唯一和地面接触的部位。作为整个机身在起飞和降落时候的缓冲,避免螺旋桨离地太近发生触碰,同时也起到起飞时对无人机机载设备起到保护作用,要求强度高,结构牢固,和机身保持相当可靠的连接,能够承受一定的冲力。一般在起落架前后安装或者涂装上不同的颜色,用来在远距离多旋翼无人机飞行时能够区分多旋翼无人机的前后。常见起落架如图 8-11 所示。

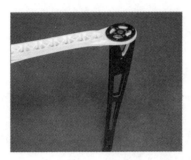

图 8-11　旋翼无人机起落架

8.5.4　电机

电机俗称"马达",如图 8-12 所示。对于电动多旋翼无人机来说,一般采用无刷电机。电机是多旋翼无人机的动力机构,为无人机提供升力、推力等。电机的转速快慢决定了飞行器可以承载的质量,同时,其转速改变的快慢可以影响飞行器的姿态的变换。它一头固定在机架力臂的电机座,一头固定螺旋桨,通过旋转产生向下的推力。不同大小、负载的机架,需要配合不同规格、功率的电机。

无刷电机去除了电刷,最直接的变化就是没有了有刷电机运转时产生的电火花,这样就极大减少了电火花对遥控无线电设备的干扰。无刷电机没有了电刷,运转时摩擦力大大减小,运行顺畅,噪声会低许多,这个优点对于无人机运行稳定性是一个巨大的支持。

1.电机的尺寸

电机四个数字的含义:2212 电机、2018 电机等等,这表示电机的尺寸。不管什么牌子的电机,具体都要对应 4 位这类数字,其中前面 2 位是电机转子的直径,后面 2 位是电机转子的高度。注意,不是外壳。简单来说,前面 2 位越大,电机越肥,后面 2 位越大,电机越高。又高又大的电机,功率就更大,适合做大四轴。通常 2212 电机是最常见的配置了。

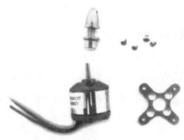

图 8-12　无刷外转子电机

2.标称空载 KV 值

无刷电机 KV 值定义:转速/伏特,意思为输入电压增加 1 V,无刷电机空转转速增加的转速值。例如:1 000 kV 电机,外加 1 V 电压,电机空转时每分钟转 1 000 转,外加 2 V 电压,电机空转就 2 000 转了。单从 KV 值,不可以评价电机的好坏,因为不同 KV 值有不同的适用尺寸的浆。绕线匝数多的,KV 值低,最高输出电流小,但扭力大,上大尺寸的浆;绕线匝数少的,KV 值高,最高输出电流大,但扭力小,上小尺寸的浆。

3. 标称空载电流和电压

在空载试验时,对电动机施加标称空载电压(通常为 10 V),使其不带任何负载空转,定子三相绕组中通过的电流,称为标称空载电流。

4. 最大瞬时电流/最大持续电流

最大瞬时电流是电机能承受的最大瞬时通过的电流,最大持续电流是电机能允许持续工作而不烧坏的最大连续电流。

5. 内阻

电机电枢本身存在内阻,虽然该内阻很小,但是由于电机电流很大(有时甚至可以达到几十安培),所以该小内阻不可忽略。

6. 电机的安装

在对电机进行安装时,有条件的话可使用数字角度仪测量每个电机座与中心板的角度完全水平。没有数字角度仪亦可采用气泡水平计,当然测量精度略差。测量每个电机臂与中心板的轴距一致。以上校正为了消除低效的动力输出,和电机自身角度误差带来的额外能量消耗。

小贴士:小心检查电机轴机米和卡簧

以朗宇 X4112S 电机为例,固定电机轴的两颗机米并未打螺丝胶,而遇到 6 个电机其中 2 个,完全不用费一点力气,螺丝刀可以很轻松地卸下机米,这在飞行中很可能造成电机轴打滑的隐患。建议每个机米都卸下,自己打螺丝胶安装(模型直升机组装基本都需打螺丝胶),并确认电机轴卡簧是否紧密。

8.5.5　电调

对于不同的电机可以将电调分为有刷电调和无刷电调,分别针对有刷和无刷电机的使用。无刷电调输入是直流,可以接稳压电源或者锂电池,输出是三相交流,直接与电机的三相输入端相连。如果上电后电机反转,只需要把这三根线中的任意两根对换位置即可。电调还有三根信号线连出用来与接收机连接,控制电机的运转。不同功率的电调要对应不同的电机,否则会出现电机转速不足,或烧坏电调的情况。电调如图 8 - 13 所示。

1. 电调工作原理及作用

电子调速器,将飞控的控制信号转变为电流信号,用于控制电机转速。因为电机的电流很大,通常每个电机正常工作时,平均有 3 A 左右的电流,如果没有电调的存在,飞控根本无法承受这样大的电流,而且飞控也没有驱动无刷电机的功能。同时电调在多旋翼无人机中也充当了电压变化器的作用,将 11.1 V 电压变为 5 V 电压给飞控供电。其实物连接图如图 8 - 14所示。

图 8 - 13　电调

平时用的商品电调是通过接收机上的油门通道进行控制的,这个接收机出来的控制信号一般都是 20 ms 间隔的 PPM 脉宽控制信号,而四轴为了提高响应的速度,需要控制命令的间隔更短,比如说 5 ms,所以就需要特殊的电调而不能用普通的商品电调,但是为什么要使用 I²C 总线跟电调连接,这个跟电路设计以及软件编写等有关,I²C 总线在硬件连接上可以多个设备直接并连在总线上,它有相应的传输机制保证主机与各个从机之间顺畅沟通,这样连接就比较方便,所以四个电调的控制线是并接在一起连到主控板上就可以了,这个也跟选用的芯片相关,很多单片机都有集成 I²C 总线的,软件设计起来也得心应手。

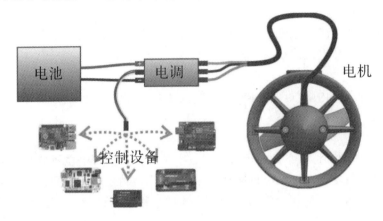

图 8-14　电调实物连接图

2.电调的主要参数

(1)电流。无刷电调最主要的参数是电调的功率,通常以安数 A 来表示,如 10 A、20 A、30 A(见图 8-15)。不同电机需要配备不同安数的电调,安数不足会导致电调甚至电机烧毁。更具体地,无刷电调有持续电流和 X s 内瞬时电流两个重要参数,前者表示正常时的电流,而后者表示 X s 内的容忍的最大电流。

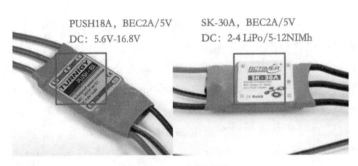

图 8-15　电调参数

选择电调型号的时候一定要注意电调最大电流的大小是否满足要求,是否留有足够的安全裕度容量,以避免电调上面的功率管烧坏。

(2)内阻。电调具有相应内阻,其发热功率需要得到注意。有些电调电流可以达到几十安培,发热功率是电流的二次方的函数,所以电调的散热性能也十分重要,大规格电调内阻一般都比较小。

(3)刷新频率。电机的响应速度与电调的刷新速率有很大关系。在多旋翼开始发展之前,电调多为航模飞机而设计,航模飞机上的舵机结构复杂,工作频率最大为 50 Hz。相应地,电调的刷新速率也都为 50 Hz。多旋翼与其他类型飞机不同,不使用舵机,而是由电调直接驱动,其响应速度远超舵机。目前,具备 UltraPWM 功能的电调可支持高达 500 Hz 的刷新率。

(4)可编程特性。通过内部参数设置,可以达到最佳的电调性能。通常有三种方式可对电调参数进行设置:

1)可以通过编程卡直接设置电调参数。

2)通过 USB 连接,用电脑软件设置电调参数。

3)通过接收器,用遥控器摇杆设置电调参数。

设置的参数包括电池低压断电电压设定、电流限定设定、刹车模式设定、油门控制模式、切换时序设定、断电模式设定、起动方式设定以及 PWM 模式设定等等。

3.电调的使用与油门设定

(1)油门行程设定。当第一次使用或电调搭配其他遥控器使用时,均应重新设定油门行程,其他时候则不用(见图 8 - 16)。

图 8 - 16　油门行程设定

(2)正常使用开机过程说明,如图 8 - 17 所示。

图 8 - 17　开机过程

4.电调编程设定

使用遥控器油门摇杆设定参数分为四个步骤(见图 8 - 18):进入编程、选择设定项、选择设定项下的参数值、退出。

5.电调与电机的匹配

现在市面上销售的多轴电机,基本都提供电机搭配各种桨在不同油门下的测试曲线图或表格。按最大推荐螺旋桨配置,并 100% 油门时消耗的电流大约一倍配置电调,只要飞行器不超载,则是安全的。如朗宇 X4112S 配 DJI 15X5 碳纤桨最大电流能到 17 A,配置 30 A 电调就能满足需要。需要注意,电机连接电调尽量不使用香蕉头,焊接能消除接触不良的隐患。

电调延长电源线只需采购与电调相同号数的硅胶线即可,多之无用。并联到插头时需要采用更高电流规格的硅胶线,多轴常用硅胶线在 14～12 号之间。多轴飞行器电机与电调的兼容适配和测试是一大难题,且因为电调输出交流相位与电机的不匹配,会导致严重后果。更让人无奈的是,在常规飞行和负载情况下,很多电机与电调的不兼容表现不明显。甚至一些飞行器在多次全负载温和航线下也顺利飞行,但在做大机动时才显露问题,表现为瞬间一个或多个电机驱动缺相,直接跌落(排除电源接触不良,香蕉头接触问题等)。

要完全杜绝和排除此问题也较困难,因民用领域多轴,几乎 100% 是开环结构,无法检测到每个电机是否转速正常。工业用多轴不少电机是内置转速计并输出给飞控,单独给每个电机安装转速计和电流计来测试实现成本又太高。

最基础测试电机与电调兼容性问题的方案：

在地面拆除螺旋桨，姿态或增稳模式启动，启动后油门推至 50%，大角度晃动机身、大范围变化油门量，使飞控输出动力。仔细聆听电机转动声音，并测量电机温度。测试需要逐渐增加时间，如电机温度正常，一开始测试 30 s～1 min 递增。以上测试并不能完全杜绝因电机与电调兼容性的摔机，只能在一定程度上排除可能性。

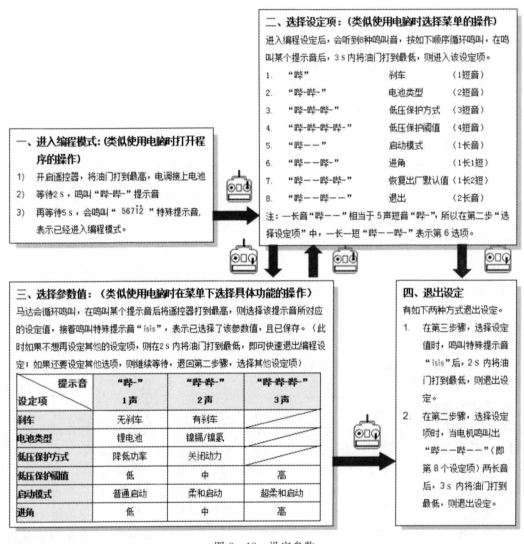

图 8-18 设定参数

6. 信号线与电源线的处理

每个电机供电电调的舵机信号插头，在有条件和基础的情况下，小心把舵机信号插针从塑料插头中取出，将信号线加上焊锡，与信号插针融为一体再插回，确保没有松动可能。焊锡用量需恰到好处，焊接一气呵成，且不可影响插针插入至原始深度。所有焊接务必等待焊锡 10 s 左右冷却，才可确保牢靠，再热缩管缩紧。所有接头处，尽量打胶固定，不管是 BEC、GPS、图传都有松动的可能。

小贴士：

强烈建议勿使用任何转接头，正品 XT60 插头耐持续放电电流为 80 A，是 1 m 轴距以下四轴、六轴插头最起码配置。更大的多轴飞行器可能需要配备100～150 A耐持续放电规格的插头。如须用到动力电并联板，也须选择铜箔厚度达标的产品，且焊接时需要用到高功率电烙铁以防散热面积大，焊接温度不足引起的虚焊。但并不推荐动力电并联板供电的方式，因多轴为减轻质量，以碳纤板为机架主要材料，摔机后损伤的碳纤碎片、并联板变形可能导致直接短路，全部设备有玉石俱焚的可能。留有长度余量的动力电硅胶线并联则可一定程度上规避短路。

7. 油门行程确认

在有条件和基础的情况下，尽量制作与轴数相同的信号并连线，同时对所有电机进行油门行程校正。校正后，使用遥控器的油门微调逐加，直到所有电机同时运转，再逐减油门微调，直到所有电机同时停止，以此验证每个电机，油门行程都精确一致。在逐个给电调加电校正油门行程情况下，有可能会出现其中某个或多个电机启动微调级别启动不一致的情况，需重校油门行程，直到所有电机同步启动和停止。如已接好飞控，则需手动模式启动，同样验证是否所有电机启停一致。

小贴士：

建议新电调到手后，根据说明书复位电调设置一次，然后低压保护设置为最低电压、关闭电调刹车、定速。设置完毕后在未安装螺旋桨的情况下，再次确认每个电机的转向是否与飞控说明书中对应的多轴飞行器电机转向一致。如飞控调参软件提供电机测试功能，则应逐个电机测试是否轴位正确，转向相符。

8. 电调常见故障与快速处理

电调常见故障与快速处理见表 8 - 2。

表 8 - 2　电调常见故障与快速处理

故障现象	可能原因	解决方法
上电后电机无法启动，无任何声音	电源接头接触不良	重新插好接头或更换接头
上电后电机无法启动，发出"哔—哔—、哔—哔—、哔—哔—"警示音（每两声之间的间隔时间为1 s）	电池组电压不正常	检查电池组电压
上电后电机无法启动，发出"哔—、哔—、哔—"警示音（每声之间的间隔时间为2 s）	接收机油门通道无油门信号输出	检查发射机和接收机的配合是否正常，油门控制通道接线是否插紧
上电后电机无法启动，发出"哔、哔、哔、哔、哔"急促单音	油门未归零或油门行程设置过小	将油门摇杆置于最低位置；重新设置油门行程

续 表

故障现象	可能原因	解决方法
上电后电机无法启动,发出"哗—哗—"提示音,然后发出"56712"特殊提示音	油门通道"正/反"向错误	参考遥控器说明书,调整油门通道的"正/反"向设置
电机反转	电调输出线和电机线的线序错误	将三根输出线中的任意两根对调
电机转动中途停转	油门信号丢失保护	检查遥控器和接收机的配合是否正常,检查油门通道接线是否接触良好
	电池电压不足,进入低压保护状态	重新给电池充满电
	接线接触不良	检查电池组插头是否正常、电调输出线和电机线连接是否稳固可靠
随机性的重新启动和工作状态失常	使用环境中具有极强烈的电磁干扰	电调的正常功能会受到强烈电磁波的干扰。出现这种情况时,请参照说明书的指示,尝试重新上电启动来恢复正常的工作状态;当故障反复出现时,说明使用环境中的电磁波干扰过于强烈,请在其他场所使用该产品

8.5.6 电池

电池是电动多旋翼无人机的供电装置,给电机和机载电子设备供电。最小是 1S 电池,常用的是 3S、4S、6S 和 1S 代表 3.7 V 电压。目前航模最大的问题在于续航时间不够,其关键就在于电池容量的大小。现在可用来做模型动力的电池种类很多,常见的有锂电池(LiPo)和镍氢电池(NiMh),主要源于其优良的性能和便宜的价格优势。然而,对于多旋翼无人机而言,电池单位质量的能量载荷很大程度上限制了其飞行时间和任务拓展。

目前航模用多旋翼飞行器一般总电流不会超过 100 A,选择 10～30C 放电能力的锂电都可满足需要。但考虑到 1 m 以上或小轴距上下双桨结构、异形机架的电流需求变化起伏大,最精确当然还是用高 A 数电流计计算所需电池 C 数。

众所周知,电池容量乘以放电 C 数即可得到电池持续放电电流,以最常见的 XAircraft X650 为例,4S 动力配置如选择 25C 5000 mA 4S 电池,持续放电电流可达 125 A,完全满足飞行器需要。

值得注意的是,市面杂牌动力电池虚标、掉电压、虚焊问题严重,尽量选择知名厂家的优质电池。避免空中掉电摔机造成更大损失。

如果飞行器需要携带较重的云台、摄影、数据采集设备,则最好选择低 C 数但能满足动力电流需要的高密度轻量化电池。更可考虑双电源输入,双电池并联供电加多一重保险。

1.电压

锂电池组包含两部分:电池和锂电池保护线路。单节电压为 3.7 V,3S1P 表示 3 片锂聚合物电池的串联,电压是 11.1 V,其中 S 是串联,P 表示并联。又如 2S2P 电池表示 2 片锂聚合物电池的串联,然后两个这样的串联结构并联,总电压是 7.4 V,电流是单个电池的两倍。不仅在放电过程中电压会下降,而且由于电池本身具有内阻,其放电电流越大,自身由于内阻导致的压降就越大,所以输出的电压就越小。

2.容量

电池的容量是用毫安·时来表示的。5 000 mA·h 的电池表示该电池以 5 000 mA 的电流放电可以持续 1 h。但是,随着放电过程的进行,电池的放电能力在下降,其输出电压会缓慢下降,所以导致其剩余容量与放电时间并非是线性关系。

在实际多旋翼飞行过程中,有两种方式检测电池的剩余容量是否满足飞行安全的要求。一种方式是检测电池单节电压,另一种方式是实时检测电池输出电流做积分计算。

注意:单电芯充满电电压为 4.2 V,放电完毕会降至 3.0 V(再低可能过放导致电池损坏),一般无人机在 3.6 V 时会电量报警。

3.放电倍率

一般充放电电流的大小常用充放电倍率来表示,即充放电倍率=充放电电流/额定容量。例如:额定容量为 100 A·h 的电池用 20 A 放电时,其放电倍率为 0.2C。电池放电倍率是表示放电快慢的一种量度。所用的容量 1 h 放电完毕,称为 1C 放电;5 小时放电完毕,则称为 1/5=0.2C 放电。容量 5 000 mA·h 的电池最大放电倍率为 20C,其最大放电流为 100 A。锂聚合物电池一般属于高倍率电池,可以给多旋翼提供动力。

4.内阻

欧姆内阻主要是指由电极材料、电解液、隔膜电阻及各部分零件的接触电阻组成,与电池的尺寸、结构和装配等有关。电池的内阻不是常数,在充放电过程中随时间不断变化,不是线性关系。常随电流密度的对数增大而线性增加。电池的内阻很小,一般用毫欧的单位来定义它。正常情况下,内阻小的电池放电能力强,内阻大的电池放电能力弱。

小贴士:

超长时间充电和完全用空电量会造成过度充电和过度放电,将对锂离子电池的正负极造成永久的损坏。从分子层面看,过度放电将导致负极碳过度释出锂离子而使得其片层结构出现塌陷;过度充电将把太多的锂离子硬塞进负极碳结构里去,而使得其中一些锂离子再也无法释放出来,这也是锂离子电池为什么通常配有充放电的控制电路的原因。

8.5.7　螺旋桨

螺旋桨是战斗在动力源第一线的部件。四轴飞行器启动后处于高速旋转状态,所以对桨片的要求比较高。桨片外形如图 8-19 所示。

螺旋桨安装在电机上,多旋翼无人机安装的都是不可变总距的螺旋桨,主要指标有螺距和尺寸。桨的指标是 4 位数字,前面 2 位代表桨的直径(单位:英寸,1 in=254 mm),后面 2 位是桨的螺距。

例:对于 2 叶螺旋桨,8060——桨长度 8 in、螺距 6 in。

如果是 1060——桨长度 10 in、螺距 6 in。

螺距是指螺旋桨转动一周,能够前进的距离。可以把螺旋桨的转动想象成一颗螺丝的转动情况,螺丝每转动一圈都要有个前进量。螺旋桨亦然。

正反桨:四轴飞行为了抵消螺旋桨的自旋,相邻的桨旋转方向是不一样的,所以需要正反桨。正反桨的风都向下吹,适合顺时针旋转的叫正桨、适合逆时针旋转的是反桨。安装的时候,一定记得无论正反桨,有字的一面是向上的(桨叶圆润的一面要和电机旋转方向一致)。

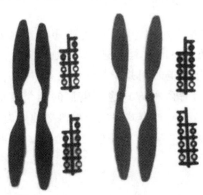

图 8-19　螺旋桨

电机与螺旋桨的搭配:这是非常复杂的问题,目前在研究中,所以建议采用常见的配置,但这里可以阐述一下原理:螺旋桨越大,升力就越大,但对应需要更大的力量来驱动;螺旋桨转速越高,升力越大;电机的 KV 越小,转动力量就越大。

综上所述,大螺旋桨就需要用低 KV 电机,小螺旋桨就需要用高 KV 电机(因为需要用转速来弥补升力不足)。如果高 KV 带大桨,力量不够,那么就很困难,实际还是低速运转,电机和电调很容易烧掉。如果低 KV 带小桨,完全没有问题,但升力不够,可能造成无法起飞。对于电机需要使用的对应螺旋桨,表 8-3 中列举了几种电机与桨的选择。

表 8-3　几种电机和桨的选择

电机(KV 值)	桨
800~1 000	11~10 in 桨
1 000~1 200	10~9 in 桨
1 200~1 800	9~8 in 桨
1 800~2 200	8~7 in 桨
2 200~2 600	7~6 in 桨(注意桨强度,当心射桨)
2 600~2 500	6~5 in 桨(注意桨强度,当心射桨)
2 800 以上	建议使用 9050 剪桨(注意桨强度,当心射桨)

小贴士:

螺旋桨选择同时还要注意桨要配合电机来选择,否则电机和电调都会烧掉。

8.5.8　飞控

飞控包括陀螺仪、加速度计、电路控制板、各外设接口。

陀螺仪:理论上陀螺只测试旋转角速度,但实际上所有的陀螺都对加速度敏感,而重力加速度在地球上又是无处不在,并且实际应用中,很难保证陀螺不受冲击和振动产生的加速度的影响,所以实际应用中陀螺对加速度的敏感程度就非常重要,因为振动敏感度是最大的误差源。两轴陀螺仪能起到增稳作用,三轴陀螺仪能够自稳。

陀螺仪对微小的转动非常敏感,所以它对飞行器飞行姿态的控制起着重要作用,飞机有一点点的偏转陀螺仪就能自动修正,简单地来说,陀螺仪就是帮助飞机保持稳定姿态的,所以有陀螺仪的飞机飞行稳定,但是四轴飞行器没有陀螺仪就不能飞了,因为四个螺旋桨的动力有一点点差别就会侧翻,三轴加速度计是用来分析陀螺仪的信号,转了多少角度,分析此时飞行姿态,它能够记住飞机的姿态,操纵杆回位后,飞机就自动恢复水平。

加速度计:一般为三轴加速度计,测量三轴加速度和重力。

现阶段多轴飞控都采用了地磁来提高飞控定点稳定度,因地磁受干扰因素较多。在安装多轴飞行器时,务必检查天线、安装盖等是否有磁性,有磁性的部件需要移除,以避免干扰飞控。尤其是大疆系列飞控地磁传感器在姿态模式下也生效。

8.5.9　遥控装置

遥控装置包括遥控器和接收机,接收机装在机上。常见的遥控器如图 8 - 20 所示。目前对于四轴飞行器来说,最流行的遥控器是 2.4 GHz 的遥控器。

1.遥控器的作用

遥控器发送飞控手的遥控指令到接收器上,接收机解码后传给飞控制板,进而多旋翼根据指令做出各种飞行动作。遥控器可以进行一些飞行参数的设置,例如油门的正反、摇杆灵敏度大小、舵机的中立位置调整、通道的功能定义、飞机时间记录与提醒、拨杆功能设定。高级功能有航模回传的电池电压电流数据等等。

图 8 - 20　遥控装置

2.遥控器和接收器的主要参数

(1)频率。常用的无线电频率是 72 MHz 与 2.4 GHz,目前采用的最多的是 2.4 GHz 遥控器。2.4 GHz 技术属于微波领域,有如下几个优点:频率高、同频概率小、功耗低、体积小、反应迅速和控制精度高。2.4G 微波的直线性很好,换句话说,控制信号的避让障碍物的性能就差了。控制模型过程中,发射天线应与接收天线有效地形成直线,尽量避免遥控模型与发射机之间有很大的障碍物(如房屋及仓库等)。

(2)调制方式。PCM 是英文 Pulse-Code Modulation 的缩写,中文的意思是:脉冲编码调制,又称脉码调制。PPM 是英文 Pulse Position Modulation 的缩写,中文意思是:脉冲位置调制,又称脉位调制。前者指的是信号脉冲的编码方式,后者指的是高频电路的调制方式。PCM 编码的优点不仅在于其有很强的抗干扰性,而且可以很方便地利用计算机编程,不增加或少增加成本,实现各种智能化设计。相比 PCM 编码,PPM 编码遥控设备实现相对简单,成本较低,但较容易受干扰。

(3)通道。一个通道对应一个独立的动作,一般有 6 通道和 10 通道。多旋翼在控制过程中需要控制的动作路数有上下、左右、前后、旋转,所以最低得 4 通道遥控器。

一般按照通道数将遥控器分成 6 通道、8 通道和 14 通道遥控器等,对于通道的概念有两种完全不同的意思。第一种意思是指遥控设备和飞机所拥有的"通道数",在这里"通道"指的是模型里的每一个单独的可操作功能。一个"单通道"的飞机指的是,它只能提供一种可操作功能,如"方向舵机运动"或"马达转动/停转"。2 通道,就是方向舵和马达,3 通道,就是方向舵、马达和升降舵。一个典型的 4 通道遥控飞机会拥有四个最基本的 RC 功能:方向舵、升降舵、油门和副翼。对飞机的通道数没有严格的规定,它只是单纯地由飞机本身来决定。更复杂的遥控飞机也许会有 6～8 个通道,来操作四个基本 RC 功能(AIL/ELE/THR/RUD),然后加上可收放的起落架、襟翼(即第二副翼)、降落指示灯、降落伞以及相机操作。

(4)美国手和日本手。美国手和日本手就是遥控杆对应的控制通道的设置不同。美国左手操作杆是"升降＋偏航",右手为"俯仰＋滚转"。日本手则相反。目前,国内以美国手遥控器为主。

(5)遥控距离。根据功率不同,遥控器控制的距离也有所不同。遥控器上也可以使用带有功率放大(Power Amplifier,PA)模块,带有鞭状天线,可以增大操控距离。

3.选择接收机

至少为多轴飞行器准备 PCM 或 2.4 GHz 接收机,PPM 接收机用于多轴将是一场噩梦,不管你调整如何精细,PPM 不抗干扰抖舵特性会让所有努力付之一炬。没有失控保护或没有稳定失控保护触发(部分二次变频 PPM 接收机支持失控保护,但触发不稳定),都会导致丢机和摔机。飞行前务必在未安装螺旋桨时,测试关控后飞控是否进入正确状态,接收机失控保护是否正确运转。

商用数传电台抗干扰、支持跳频、带数据效验和冗余,在数据回传、失控保护方面也非常稳定,配合飞控支持的地面站能定航点定航路完成预定任务,同样是好选择。但 APC250 之类稳定性欠佳的低端定频数传则不建议采用。

市面上流行的飞控如 NAZA、Wookong-M、SuperX、X4、X6 在遥控器校准界面皆可观察接收机的舵量输出,如未打舵情况下任何通道跳动,接收机质量欠佳或控的电位器已经磨损,导致抖舵,未排除故障前,不建议做任何校准和飞行。

4.接收机天线摆放

多轴飞行器上天线摆放的重要性,仅次于选择质量优良的接收机。就市面流行的接收机而言,存在 FM、2.4 GHz、433 MHz、900 MHz 几种,统一遵循的原则是,尽可能远离信号发射和接收装置,尤其是远离图传输、碳纤材料和金属,使用泡沫材料把天线与碳纤材料隔开 3～5 cm。FM 天线摆放需不缠绕,不重叠,尽可能舒展天线长度。能在确保不会缠绕到螺旋桨的情况下,在机体下方一段长度最好。433 MHz、900 MHz 接收天线须垂直于地面,2.4 GHz接收两根天线互为 90°摆放即可。Futaba 的接收机说明书中,明确写到接收机应远离碳纤、导体,可能的话将接收机与碳纤材料隔开 15 cm 以上距离。当然这在多轴上是很难做到的,但尽量为接收机创造良好的收信条件。

小贴士:

一般双天线是差分接收,因为这种天线最佳接收角度是与天线垂直的方向,所以两根天线90°摆放可以保证基本无死角,达到最佳遥控距离。

8.5.10　自动驾驶仪

1.组成

多旋翼自动驾驶仪分为软件部分和硬件部分,包括以下几方面。

(1)全球定位系统(GPS),得到多旋翼的位置信息。

(2)惯性测量单元(IMU),包括三轴加速度计、三轴陀螺仪、电子罗盘(或磁力计),目的是得到多旋翼的姿态信息;市面上常说的 6 轴 IMU 是包含了三轴加速度计和三轴陀螺仪,9 轴IMU 是包含了三轴加速度计、三轴陀螺仪和三轴磁力计,而 10 轴 IMU 则是在 9 轴 IMU 基础上多了气压计这一轴。

(3)气压计和超声波测量模块,目的是得到多旋翼绝对(气压计)或相对高度信息(超声波测量模块)。

(4)微型计算机,算法计算平台。

(5)接口,与各种传感器和电调、通信设备等的硬件接口。

2.作用

(1)导航。导航就是解决"多旋翼在哪"的问题。如何发挥各自传感器优势,得到准确的位置和姿态信息,是自驾仪飞控要做的首要的事情。

(2)控制。控制就是解决"多旋翼怎么去"的问题。首先得到准确的位置和姿态信息,之后根据任务,通过算法计算出控制量,输出给电调,进而控制电机转速。

(3)决策。决策就是解决"多旋翼去哪儿"的问题。去哪儿可能是操作手决定的,也可能是为了安全,按照规定流程的紧急处理方案。

8.5.11　任务

目前最多的就是云台,常用的有两轴云台和三轴云台;云台作为相机或摄像机的增稳设备,提供两个方向或三个方向的稳定控制。云台可以和控制电机的集成在一个遥控器中,也可以单独的遥控器控制。

8.5.12　数据链路

数据链路包括数传和图传。数传就是数字传输,数传终端和地面控制站(笔记本或手机等数据终端)接收来自飞控系统的数据信息。图传就是图像传输,接收机载相机或摄像机拍摄的图像,一般延迟在几十毫秒,目前也有高清数字图传,传输速率和清晰度都有很大提高。

1.数传

数传电台是指借助 DSP 技术和无线电技术实现的高性能专业数据传输电台,采用数字信号处理、数字调制解调,具有前向纠错、均衡软判决等功能的无线数据传输电台。数传电台一端接入计算机(地面站软件),一端接入多旋翼自驾仪,通信采用一定协议进行,从而保持自驾仪与地面站的双向通信,如图 8-21 所示。

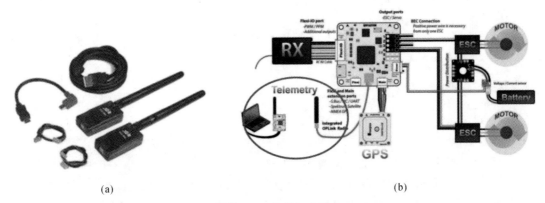

(a)　　　　　　　　　　　　　　　　　　　(b)

图 8-21　数传与连接

(a)3DR 数传实物图;　(b)Openpilot 数传连接示意图

2.数传指标

(1)频率。可选择:433 MHz 或 915 MHz。美洲地区可用 915 MHz,欧洲和中国等一般用 433 MHz,对 915 MHz 频段是禁用的。

(2)传输距离。

(3)传输速率。

3.通信协议

通信协议又称通信规程,是指通信双方对数据传送控制的一种约定。只要按照一定的通信协议,可以使得地面站软件通用起来,可以兼容不同的自驾仪。MAVLink 通信协议是一个为微型飞行器设计得非常轻巧的、只由头文件构成的信息编组库。MAVLink 最初由 L. Meier根据 LGPL(Lesser GeneralPublic License)许可在 2009 年初发表。Openpilot 自驾仪采用了 UAVTalk 协议与地面站进行通信。

4.图传

图传是指无线图像传输的缩写,指的是视频传输装置,作用是将无人机在空中拍摄的画面实时传输至飞手手中的显示设备上,使得飞手在远距离飞行时能判断无人机状态并获得相机的拍摄画面方便取景,正是有了图传后,才在操纵无人机时获得了身临其境的感觉。现有的图传主要有模拟和数字两种,而其组成部分主要有发射端、接收端和显示端三部分。

(1)模拟图传。早期的图传设备都采用的是模拟制式,它的特点是只要图传发射端和接收端工作在一个频段上,就可以收到画面(见图 8-22)。

优点:价格低廉,市面上的模拟图传发射和接受套装通常在 1 000 元以内;可以多个接收同时接收视频信号,模拟图传的发射端相当于广播,只要接收端的频率和发射端一致,就可以接收到视频信号，方便多人观看；选择较多、搭配不同的天线可实现不同的接收效果；工作距离较远，以常用的 600 mW 图传发射为例，开阔地工作距离在 2 km 以上；配合无信号时显示雪花的显示屏，在信号微弱时，也能勉强判断飞机姿态；一体化的视频接受及 DVR（录像）和FPV 专用视频眼镜技术成熟，产品选择多；视频信号基本没有延迟，对于低空高速飞行必备。

　　缺点：发射、接受和天线的产品质量良莠不齐；易受到同频干扰，两个发射端的频率若接近时，很有可能导致本机的视频信号被别人的图传信号插入，导致飞机丢失；接线、安装，调试需要一定经验，对于新手而言增加学习成本；飞行时安装连接天线、接收端电池、显示器支架等过程烦琐；没有 DVR（视频录制）功能的接收端无法实时回看视频，而有 DVR 功能的接收端回看视频也较为不便；模拟图传发射端通常安装在机身外，影响一体机的美观；视频带宽小，画质较差，通常分辨率在 640×480，影响拍摄时的感观。

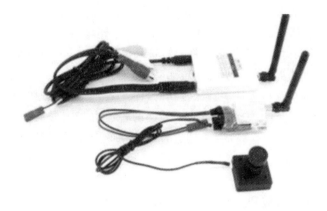

图 8-22　模拟图传

　　（2）数字图传。现在厂商所开发的无人机套机通常都搭载了专用的数字图传，它的视频传输方式是通过 2.4g 或 5.8g 的数字信号进行（见图 8-23）。

图 8-23　数字图传

　　优点：使用方便，通常只需在遥控器上安装手机/平板电脑作为显示器即可；中高端产品的图像传输质量较高，分辨率可达 720p 甚至 1 080p；中高端产品的传输距离亦可达 2 km，与普通模拟图传相媲美;实时回看拍摄的照片和视频方便;集成在机身内,可靠性较高,一体化设计较为美观。

缺点:中高端产品的价格昂贵。

8.6 控 制 原 理

1.控制

四轴飞行器的控制原理就是,当没有外力并且质量分布平均时,四个螺旋桨以一样的转速转动,在螺旋桨向上的拉力大于整机的质量时,四轴就会向上升,在拉力与质量相等时,四轴就可以在空中悬停。在四轴的前方受到向下的外力时,前方马达加快转速,以抵消外力的影响从而保持水平,同样其他几个方向受到外力时四轴也是可以通过这种动作保持水平的,当需要控制四轴向前飞时,前方的马达减速,而后方的马达加速,这样,四轴就会向前倾斜,也相应地向前飞行,同样,需要向后、向左、向右飞行也是通过这样的控制就可以使四轴往想要控制的方向飞行了,当要控制四轴的机头方向向顺时针转动时,四轴同时加快左右马达的转速,并同时降低前后马达的转速,因为左右马达是逆时针转动的,而左右马达的转速是一样,所以左右是保持平衡的,而前后马达是顺时针转动的,但前后马达的转速也是一样的,所以前后左右都是可以保持平衡,飞行高度也是可以保持的,但是逆时针转动的力比顺时针就大,所以机身会向反方向转动,从而达到控制机头的方向。这也是为什么要使用两个反桨,两个正桨的原因。

如图 8-24 所示,电机 1 和电机 3 逆时针旋转的同时,电机 2 和电机 4 顺时针旋转,因此当飞行器平衡飞行时,陀螺效应和空气动力扭矩效应均被抵消。

与电动直升机相比,四旋翼飞行器有下列优势:各个旋翼对机身所施加的反扭矩与旋翼的旋转方向相反,因此当电机 1 和电机 3 逆时针旋转的同时,电机 2 和电机 4 顺时针旋转,可以平衡旋翼对机身的反扭矩。四旋翼飞行器在空间共有 6 个自由度(分别沿 3 个坐标轴作平移和旋转动作),这 6 个自由度的控制都可以通过调节不同电机的转速来实现。

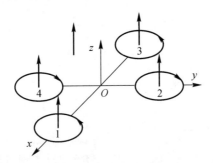

图 8-24 四旋翼基本运动状态

2.构造

四轴飞行器的构造特点是在它的四个角上各装有一旋翼,由电机分别带动,叶片可以正转,也可以反转。为了保持飞行器的稳定飞行,在四轴飞行器上装有 3 个方向的陀螺仪和 3 轴加速度传感器组成惯性导航模块,它还通过电子调控器来保证其快速飞行。

3.技术难点

首先,在飞行过程中它不仅受到各种物理效应的作用,还很容易受到气流等外部环境的干扰,很难获得其准确的性能参数。

最后,微型四旋翼无人飞行器是一个具有 6 个自由度,而只有 4 个控制输入的欠驱动系统。它具有多变量、非线性、强耦合和干扰敏感的特性,使得飞行控制系统的设计变得非常困难。

再次,利用陀螺进行物体姿态检测需要进行累计误差的消除,怎样建立误差模型和通过组合导航修正累积误差是一个工程难题。

这三个问题的成功解决,是实现微型四旋翼无人飞行器自主飞行控制的关键,具有非常重要的研究价值。

8.7　基本运动状态

基本运动状态包括垂直运动、俯仰运动、滚转运动、偏航运动、前后运动和侧向运动。

8.7.1　垂直运动

图 8-24 中,因有两对电机转向相反,可以平衡其对机身的反扭矩,当同时增加四个电机的输出功率,旋翼转速增加使得总的拉力增大,当总拉力足以克服整机的质量时,四旋翼飞行器便离地垂直上升;反之,同时减小四个电机的输出功率,四旋翼飞行器则垂直下降,直至平衡落地,实现了沿 z 轴的垂直运动。当外界扰动量为零时,在旋翼产生的升力等于飞行器的自重时,飞行器便保持悬停状态。保证四个旋翼转速同步增加或减小是垂直运动的关键。

8.7.2　俯仰运动

图 8-25(a)中,电机 1 的转速上升,电机 3 的转速下降,电机 2、电机 4 的转速保持不变。为了不因为旋翼转速的改变引起四旋翼飞行器整体扭矩及总拉力改变,旋翼 1 与旋翼 3 转速该变量的大小应相等。由于旋翼 1 的升力上升,旋翼 3 的升力下降,产生的不平衡力矩使机身绕 y 轴旋转(方向如图所示),同理,当电机 1 的转速下降,电机 3 的转速上升,机身便绕 y 轴向另一个方向旋转,实现飞行器的俯仰运动。

8.7.3　滚转运动

与图 8-25(a)的原理相同,在图 8-25(b)中,改变电机 2 和电机 4 的转速,保持电机 1 和电机 3 的转速不变,则可使机身绕 x 轴旋转(正向和反向),实现飞行器的滚转运动。

8.7.4　偏航运动

四旋翼飞行器偏航运动可以借助旋翼产生的反扭矩来实现。旋翼转动过程中由于空气阻力作用会形成与转动方向相反的反扭矩,为了克服反扭矩影响,可使 4 个旋翼中的 2 个正转,2 个反转,且对角线上的来年各个旋翼转动方向相同。反扭矩的大小与旋翼转速有关,当 4 个电机转速相同时,4 个旋翼产生的反扭矩相互平衡,四旋翼飞行器不发生转动;当 4 个电机转速不完全相同时,不平衡的反扭矩会引起四旋翼飞行器转动。在图 8-25(c)中,当电机 1 和电机

3 的转速上升,电机 2 和电机 4 的转速下降时,旋翼 1 和旋翼 3 对机身的反扭矩大于旋翼 2 和旋翼 4 对机身的反扭矩,机身便在富余反扭矩的作用下绕 z 轴转动,实现飞行器的偏航运动,转向与电机 1、电机 3 的转向相反。

8.7.5 前后运动

要想实现飞行器在水平面内前后、左右的运动,必须在水平面内对飞行器施加一定的力。在图(e)中,增加电机 3 转速,使拉力增大,相应减小电机 1 转速,使拉力减小,同时保持其他两个电机转速不变,反扭矩仍然要保持平衡。按图 8 - 25(a)的理论,飞行器首先发生一定程度的倾斜,从而使旋翼拉力产生水平分量,因此可以实现飞行器的前飞运动。向后飞行与向前飞行正好相反。当然在图 8 - 25(a)~(b)中,飞行器在产生俯仰、翻滚运动的同时也会产生沿 x 轴、y 轴的水平运动。

8.7.6 侧向运动

在图 8 - 25(d)中,由于结构对称,所以侧向飞行的工作原理与前后运动完全一样。

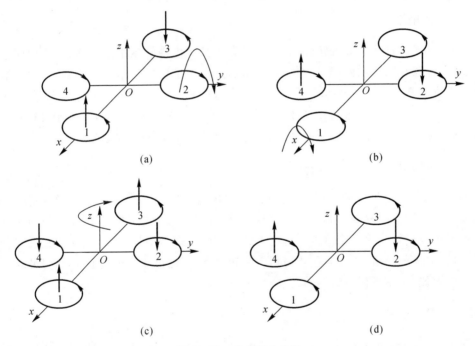

图 8 - 25 基本运动状态
(a)信仰运动; (b)滚转运动; (c)偏航运动; (d)侧向运动

8.8 多旋翼的空气动力特点

1.升力

产生向上的升力用来克服机身的重力。多旋翼无人机是通过多个旋翼一起调节转速达到控制机身完成飞行动作的目的,所以发动机空中停车时,多旋翼无人机会出现失控现象,除非六旋翼或更多旋翼在某个发动机停车时能够通过其他发动机进行补偿。

2.推力

产生向前的水平分力克服空气阻力使多旋翼无人机前进,类似于飞机上推进器的作用。

3.产生其他分力及力矩

多旋翼无人机电机是成对出现的,且相邻电机安装正反桨,用以中和扭矩。螺旋桨由两片桨叶组成。工作时,桨叶与空气做相对运动,产生空气动力。

先来考察一下多旋翼的轴向直线运动,由于多旋翼和直升机的情况类似,和直升机做对比进行研究。由于两者的技术要求不同,旋翼的直径大且转速小;螺旋桨的直径小而转速大。在分析、设计上就有所区别。设一旋翼,桨叶片数为 k,以恒定角速度 Ω 绕轴旋转,并以速度 v_0 沿旋转轴做直线运动。如果在想象中用一中心轴线与旋翼轴重合,而半径为 r 的圆柱面把桨叶裁开,并将这圆柱面展开成平面,就得到桨叶剖面。既然这时桨叶包括旋转运动和直线运动,对于叶剖面来说,应有用向速度(等于 Ωr)和垂直于旋转平面的速度(等于 v_0),而合速度是两者的矢量和。显然可以看出(见图 8-26),用不同半径的圆柱面所截出来的各个桨叶剖面,它们的合速度是不同的:大小不同,方向也不相同。如果再考虑到由于桨叶运动所激起的附加气流速度(诱导速度),那么桨叶各个剖面与空气之间的相对速度就更加不同。与机翼相比较,这就是桨叶工作条件复杂,对它的分析比较麻烦的原因所在。

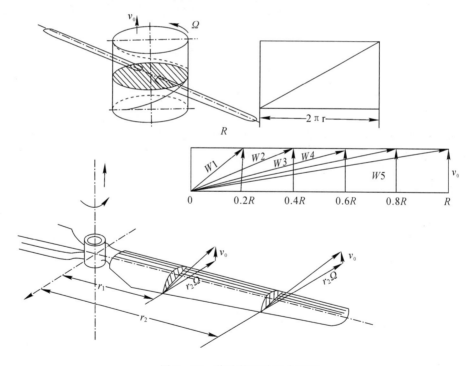

图 8-26 桨叶的运动及合速度

8.8.1 旋翼拉力产生的滑流理论

现以直升机处于垂直上升状态为例,应用滑流理论说明旋翼拉力产生的原因。此时,将流过旋翼的空气,或正确地说,受到旋翼作用的气流,整个看作一根光滑流管加以单独处理。假设空气是理想流体,没有黏性,也不可压缩;旋转着的旋翼是一个均匀作用于空气的无限薄的圆盘(即桨盘),流过桨盘的气流速度在桨盘处各点为一常数;气流流过旋翼没有扭转(即不考虑旋翼的旋转影响),在正常飞行中,滑流没有周期性的变化。

根据以上假设可以做出描述旋翼在:垂直上升状态下滑流的物理图像,如图 8-27 所示,图中选取三个滑流截面,S_0、S_1 和 S_2,在 S_0 面,气流速度就是直升机垂直上升速度 v_0,压强为大气压 p_0,在 S_1 的上面,气流速度增加到 $v_1 = v_0 + v_1$,压强为 p_1 上,在 S_1 的下面,由于流动是连续的,所以速度仍是 v_1,但压强有了突跃 $p_{1下} > p_{1上}$,$p_{1下} - p_{1上}$ 即旋翼向上的拉力。在 S_2 面,气流速度继续增加至 $v_2 = v_0 + v_2$,压强恢复到大气压强 P_0。

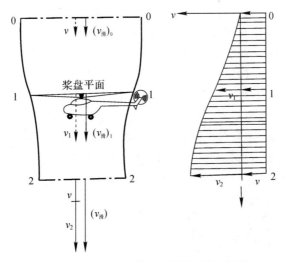

图 8-27 垂直上升状态下滑流的物理图像

这里的 v_1 是桨盘处的诱导速度,v_2 是下游远处的诱导速度,也就是在均匀流场内或静止空气中所引起的速度增量。对于这种现象,可以利用牛顿第三定律来解释拉力产生的原因。

8.8.2 旋翼拉力产生的涡流理论

根据前面所述的理论,只能宏观地确定不同飞行状态整个旋翼的拉力和需用功率,但无法得知沿旋翼桨叶径向的空气动力载荷,无法进行旋设计。为此,必须进一步了解旋翼周围的流场,即旋翼桨叶作用于周围空气所引起的诱导速度,特别是沿桨叶的诱导速度,从而可计算桨叶各个剖面的受力分布。

在理论空气动力学中,涡流理论就是求解任一物体(不论飞机机翼或旋翼桨叶)作用于周围空气所引起的诱导速度的方法。从涡流理论的观点来看,旋翼桨叶对周围空气的作用,相当于某一涡系在起作用,也就是说,旋翼的每片桨叶可用一条(或几条)附着涡及很多由桨叶后缘逸出的、以螺旋形在旋翼下游顺流至无限远的尾随涡来代替。

按照旋翼经典涡流理论,对于悬停及垂直上升状态(即轴流状态),旋翼涡系模型就像一个半无限长的涡拄,由一射线状的圆形涡盘的附着涡系及多层同心的圆柱涡面(每层涡面由螺旋涡线所组成)的尾迹涡系两部分所构成(见图 8-28)。

悬停

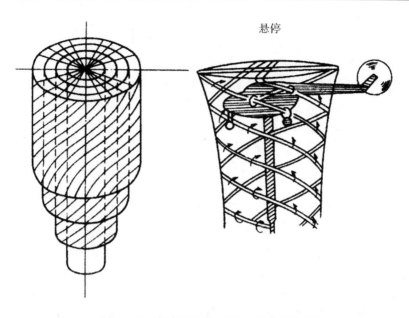

图 8-28 直升机悬停、垂直上升状态的涡柱

这套涡系模型完全与推进螺旋桨的情况相同。至于旋翼在前飞状态的涡系模型,可以合理地引申为一个半无限长的斜向涡柱,由一圆形涡盘的附着涡系及多层斜向螺旋涡线的斜向涡面的尾迹涡系两部分构成(见图 8-29)。

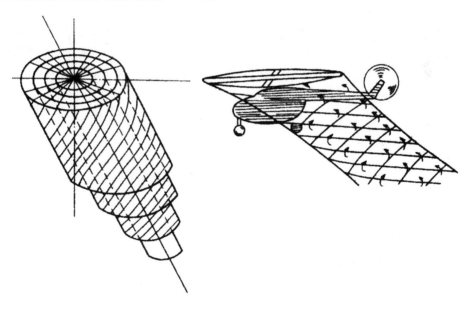

图 8-29 直升机前飞状态的涡柱

8.9 飞 行 性 能

多轴飞行器里,抛开一些比较基本的震动、稳定性的问题不说,关心比较多的应该就是续航时间了。其实决定一架多轴飞行能力的主要指标简单地说,无非就是飞行时间、飞行重量、耗电量这三个要素。搞清楚这三个要素之间的关系,就会比较容易设计出想要的多轴飞行器。飞行时间和飞行质量这两个都很好理解,飞行时间一般习惯以 min 为单位,飞行质量习惯以 g 为单位。耗电量就是指以某个飞行质量飞行了某段时间所损耗的电量。

8.9.1 耗电量的计算

不管是做什么形态的多轴,都想做出载重大、飞行时间长、耗电小的机子,如果说飞行时间和载重都是必需的,那么耗电量就是唯一可控的变量了,所以必须搞清楚多轴耗电量是怎么出来的。想要搞清楚这个问题,在这里有必要先普及一些基础知识。大家都知道,家里的日常用电都是以度为单位的,一度电其实就代表 1 千瓦时(1 000 W·h),指的是如果一台功率是 1 000 W的电器,使用 1 h 所耗的电量就是一度电。那么这台电器的 1 000 W 功率指的具体又是什么呢?功率其实就是电流和电压相互作用产生的结果,一般用"功率×电压 * 电流"表示。以最常见的 3S2200 mA·h(毫安时)的锂电来说,储存在里面的电量理论上大概应该是(3× 3.7 V)×2.2 A·h=22.42 W时,其中 2.2 A 就是电池上所标称的 2 200 mA·h 的换算结果,因为 1 000 mA·h=1 AH,电压我们就按平时最常说的 3.7 V 的单片电芯电压来算。算出来的 22.42 W·H 就代表如果多轴使用的是这块电池,而且整体飞行时的功率只有 22.42 W,那么飞行一个小时是没问题的了。如果多轴功率是 100 W,那么用 3S2200 mA·h 这块电池能飞多久呢?换算一下就知道了:60/(100/22.42)=13.45 min。其实,耗电量在实际情况下不是算出来的,而是飞出来的,飞完一块电池后回来能充进去的电量才是比较真实的耗电量,一般好点的充电器都会有充电量显示。耗电量应该怎样去控制才能让多轴能载大、航长、耗小呢?这个问题就取决于如何去控制你多轴飞行器的飞行效率了。

8.9.2 飞行效率

飞行的效率一般用"g/W"表示,代表每瓦的消耗能产生几克的拉力,其高低与电机自身的效率和桨的搭配有着密切的关系,但电机的效率一般都是生产厂家给出的数据,而且还存在一定的水分,电机的型号相同厂家不同效率上也会有所不同,我们无法控制,只有选择的权利。一般好点厂家的电机都会给出相应的配桨效率参数,在厂家给出的效率表中,不难发现在电机效率高的情况下一般都是大桨低转速时才会有,所以如果想让多轴飞行效率高可以考虑尽量用 KV 值低的电机上大桨。

经验得出的结论:

在不考虑多轴的结构、震动、平衡等方面带来的损耗的基础上,可以用下面两个较为简单的计算方法来对飞行器的安装和调试进行一些判断。

方法一:(适用于装机)

飞行时间=60 /(飞行质量/(电池实际容量×电池电压×效率))。例如:配置参数: 4S5000 mA·h的电池(重 500 g)、六轴机架(重 400 g)、电调(6×20 g)、飞控图传(200 g)、云台和狗(200 g)、电机和桨(6×100 g),飞行器的飞行质量在 2 020 g 左右。假设根据厂家给出的数据,电机在和某桨搭配时,在 30% 的输出功率时拉力是 300 g 效率是 $13 \mathrm{~g} \cdot \mathrm{W}$,在 50% 的输出功率时拉力是 500 g 效率是 $10 \mathrm{~g} \cdot \mathrm{W}$,在 80% 的输出功率时拉力是 800 g 效率是 $7 \mathrm{~g} \cdot \mathrm{W}$,根据多轴的 2 020 g 飞行质量得知每个电机的输出拉力应在 340 g 以上才能实现悬停,那么可以根据厂家给出的参数保守的推算一下,在输出 340 g 的拉力时效率应该还会有 $12 \mathrm{~g} \cdot \mathrm{W}$ 左右。所有参数都知道了,就可以推算出自己的配置大概能飞几分钟了。

飞行时间$=60/(2\ 020/(5 \times 14.8 \times 12))=26.43$ min

所以理论上这套配置配出的多轴可以飞行 26.43 min,但最后剔除一些电池放电是否能达到标称值、电机参数是否存在虚标、桨的标准程度等因素,保守估计应该会有 20 min 左右的悬停时间。

方法二:(适用于调试)

效率 = 飞行质量/((60/飞行时间)×电池实际每小时电流×电池电压)

例如:接上例把飞机装好了,飞行质量 2 020 g,悬停爽飞了 18 min,回来充电充进了 4 500 $\mathrm{mA} \cdot \mathrm{H}$充满,那么机子的实际飞行效率是多少呢?

效率$=2\ 020/[(60/18) \times 4.5 \times 14.8]=9.1 \mathrm{~g} \cdot \mathrm{W}$

所以多轴飞行效率应该是 9.1 g/W,对比当初的厂家效率表效率明显偏低的了,这个时候就可以自己分析一下是厂家虚标了,还是机子结构上有什么其他不合理的地方增加了内耗,或者还是其他原因。

8.10　四旋翼室内检修

8.10.1　面观

整体看一下四旋翼的外表:

(1)机架是否歪斜。

(2)桨面是否有瑕疵、磨损、断裂,或者明显的明纹裂痕。

(3)电机是否歪斜,电机及其内线是否有熔断、异物残存。

(4)电调外包装是否完整,是否有破裂、烧痕或者烧焦味道。

(5)飞控连接线是否调理有序,同等接线口是否布局合理,有无明显接线异类线色。

(6)飞控安装是否水平,整体板子是否有熔断、烧焦、元器件焊接凸起。

(7)各个焊接点是否有明显断裂,焊锡点变形,等等。

(8)遥控接收机天线是否有裂痕,是否有拉伸痕迹,接收机接线色是否整齐,无异类线色。

(9)电调接线板是否有焊接松动,甚至是接线毛刺、灰尘,要及时清除,以免联电。

(10)将所有有接线处,比如插针、香蕉头、T 插处等,检查看是否有拉伸痕迹,是否有熔化。

小贴士:

异类线色:对于航模接线一般是黑红白或者棕红黄,用来做线路接线,安装时整排色泽是在一条直线上,如果安装错误,肯定会明显看出,因此取名异类线色。

8.10.2　手动

(1)用手轻轻地拨动或者拉伸,用测试力。

(2)机架轻轻用手晃动,相邻的两个臂用手掰动,检查是否有松动。手拿一个臂在空中晃几下然后重复双手各拿一个相邻两臂进行掰动,检查松动。如果有脚架,请晃动脚架是否松动,把带脚架整体机架放到地面,用手大力推一下,然后在离地 20 cm 处,地面有纸板铺垫的情况下下落几次,检查是否有架腿歪斜。

(3)手握住电机,或者桨放在手上,握住一头桨,对桨面弯曲 30°,检查桨面是否有裂纹明纹,然后再换另一头。

(4)手握住电机所在臂,然后轻轻晃动电机桨座或者子弹头,看整体是否有松动,螺丝是否拧紧,然后握住电机底座,再晃动电机桨座或者子弹头,看是否有松动。

(5)电调接线连着接电机、飞控、接线板,因此把线拉几下看周围接线是否牢固。

(6)手指握住飞控板侧面,轻轻晃动,检查飞控是否固定牢固;电调接线板上的线,都要用手轻轻晃几下,检查是否有松动。

(7)接收机的插针是否有松动,轻轻地把接收机朝下,一只手握住接收机,另一只手轻拍握住接收机的手腕。

(8)将所有有接线处,比如插针、香蕉头、T 插处等,如果是已经插上牢固的就轻轻拔一下看是否有松动,如果是需要经常插拔的,比如电池接口,插拔几次检查一下。

小贴士:

测试力,小力度,也就是弯折一个易拉罐薄皮的力道。

8.10.3　闻声

闻声很重要,用耳朵细细听:

(1)握住机架相邻两个臂掰动,听声音是否有固定机架螺丝松动,臂固定声音是否结实无异声。

(2)桨面用手握住安装在电机上或者裸桨,握住中心,另一只手在一个桨面边缘部分,弯曲 30°,然手迅速松手,听声音,一般塑料桨整体完整,无内伤或者外伤裂痕,听起来声音厚实有力,弹性十足。然后再试另一面。弯曲听声过程,如果有内痕明显容易直接变成明纹,一定要仔细。

(3)电机声音,把桨固定或者无桨裸电机,用手转动一下,正常的电机转动声音是浑实有力听起来似乎有些油动声音,声音浑厚。但是有时候能听起来干巴巴的,或者声音发脆甚至能听到内部有明显的咯嘣沙子类声音转来不圆润连续,那么就需要检修一下电机了。

(4)整体听声,将整体架子放到手上,握住一个臂,来回晃动下,听是否有线路没有固定好以及四旋翼内是否有杂物声音,需及时清理。

8.10.4　综合检修测试

(1)飞控单独供电,检查是否有异常,按照飞控飞行说明书,指示灯是否正确闪亮,遥控与飞控对接是否正常。

(2)不对飞控供电,将四个电调线分别接到接收机油门处,轻推油门听声音,检查是否有明显反应慢甚至是异声。

(3)将遥控放置稳定处，飞机放在一个相对宽松的区域，至少周围能有 50 cm 的宽松。通电然后实行遥控飞控对接，低油门，按照所用飞控的品牌，进行检查异常。

(4)轻推油门逐渐升高，听电机转速以及观察飞控指示灯，油门可推至 3/5 处，观察情况。

(5)持续 1 min 左右，停止供电，用手摸一下电机、电调、电调接线板、飞控板、线路连接部、电池线、电池插口等处，检查一下温度，是否有烫手感觉。

(6)如果上一条温度有异常，无需测试本条。如果上一条再次对机器供电，打开，将油门对到低处，然后门推到 3/5 处，然后坚持 5 s，迅速拉回，如此重复两三次，然后将油门固定至中间，停留 10 s。迅速断电，检查温度是否异常。

(7)上两条温度异常需要及时地进行检修和更换。比如：仅有电池接线滚烫，那么就是硅胶线负载不了如此强的电流，需要及时更换。仅有电机电调温度很热，而不是烫，建议以后飞行不要做大载重，超负荷动作。仅有电调电机接线处滚烫，建议检查是否有焊接虚焊。开机后，电调 123 声音是否一致，如果听到有某个声音短缺，及时检查线路接线。开机后，某个电机出现重复或者断续的 123 声音，那么请检查焊接处松动虚焊。

8.11　四旋翼选择场地及飞行守则

8.11.1　场地选择

1. 四旋翼飞场位置

尽量选择郊区野外，农村野外，方圆几百米内无任何交通要道、居住地和组织活动地等，坚决避开高压线，移动信号站以及军民用雷达站等地域。

2. 四旋翼飞场环境

周围尽量以草坪或者对农田无伤害的松软土质等为主，尽量选择草地，泥沙对四旋翼，尤其是设备包括相机等都有不小的危害。环境周围无湖泊、小河流、积水区域、树木和线路等，即为视野开阔，地面平坦区域。

3. 四旋翼飞场天气

尽量在晴天，无大风的情况下起飞，红旗迎面展开，大四轴不可盲目起飞，最好不要起飞。红旗极尽飘起，小四轴尽量不要盲目起飞。

4. 四旋翼飞场空域

如果飞行器多，则尽量单独或者划定空域飞行，以免相互失业干扰。

5. 四旋翼操作环境

地面平坦，利于操作者小幅度移动防止摔跤。操作者周围无无关人员，防止对操作者进行干扰。

6. 四旋翼人群安排

如若有围观人员，尽量将围观人员安置在航模操作者面向飞行空域后，操作者身后位置，如有小朋友，尽量不要起飞，其监护人必须对其孩子行为负责。坚决不允许飞行过程中回答围观者提出的问题，否则予以清场，换场。

8.11.2　装机

一般场外装机都是已经将飞控固定好,各个插拔环节都已经标记尽量简化,到了场地就是组装和起飞,所以:

(1)组装好后晃动一下,是否有异声晃动,及时清理杂物,归拢线路。

(2)握住相邻两个臂手掰动,检查是否有松动。

(3)检查电机内是否有异物,转动带桨的电机,听是否有异声。

(4)轻轻拉一下线路连接部,是否有松动。

(5)握住电机,用手推桨面检查桨安装是否紧固。

(6)通电,小油门推一下,整体四旋翼转动,是否有异声。桨面是否平稳。

(7)继续上一条,不起飞状态下,将遥控各个通道以及功能尽量提前试一下,看是否有异常。

8.11.3　热机

(1)第一块电池进行装机测试后,远离 10 m 以上,周围无人靠近,慢推油门起飞。

(2)将四旋翼固定在 10 m 范围内,不超过 3 m 高度,切勿猛推油门,整个过程,必须平缓推油门将四旋翼进行热机,同样检查异常。

(3)待飞行两三分钟后,下落,检查各部分温度,检查是否有松桨、松螺丝等现象。根据飞行过程中出现的状况进行检修。

8.11.4　收场

(1)四旋翼降落后,必须首先关四旋翼飞机电源,然后再切断遥控电源。

(2)检查各个部分的温度,留做记录。

(3)将电池拿下后,放到阴凉地进行降温,冷却。四旋翼也需要降温。

(4)待四旋翼降温后,对四旋翼进行检查,发现是否有问题,方便回去检修。

(5)电池冷却后将电池插口进行封闭,防止异物短路。

(6)如果拆机,需要对各部分做好标记。如果提机直接回去,请握住一个臂空处,手提回去。

8.12　四旋翼维护

8.12.1　日常保养

四旋翼是需要维护的,尤其是日常的检修甚至长时间不用。日常检修请参考 8.10 节四旋翼室内检修,结合本节:

(1)电池体积是否有明显变化。

(2)电机内异物检查,清洁轴承,注意上油。

(3)飞控表面清洁线路是否老化,元器件虚焊,热熔等。

(4)电线是否有变形,比如受热冷却后蛇形。

(5)电线接口是否有异物、氧化等。

(6)机架是否变形,螺母是否有滑丝等状况。

(7)整体线路包扎,电线以及接口固定等,一定要牢固,如果有断裂松动,及时更换。

(8)四旋翼标识,比如用乒乓球作围栏、色带等,是否牢固。

(9)对电机、飞控等灰尘敏感部件,进行灰尘清理,及时清除,清扫干净。

8.12.2　长久不用保存

四旋翼长久不用,应该好好保存:

(1)电池,电池尽量用平衡充放电或者充电至 3.8 V,然后放在阴凉宽松密闭处保存。注意电池插口要防氧化。插头处注意干燥,有条件可以做个封装。

(2)飞控,放置密闭袋子封存,注意插头处要干燥。

(3)电机封存,电机内部要进行除污,上油,在电动机外壳商标字上油,尤其是激光刀刻字上油,否则容易氧化字体刻处,容易生锈。

(4)电调封存。

(5)桨用塑料纸、布或者泡沫片间隔包裹,放到不容易挤压、无日照区域存放。

(6)机架挂起来,视材质保存。

8.13　总　　结

本章对多旋翼无人机的分类及旋翼无人机的作用与意义进行概述性讲解,以多旋翼的代表机型四轴飞行器进行结构与原理讲解,同时本章较为详细地阐述了四轴无人机在飞行中所需要注意的各项细节,以及多轴无人机如何进行日常维护与保养等相关知识。通过本章的学习,学生需要掌握多旋翼无人机的常见分类及其作用;旋翼无人机的结构组成及各功能部件的作用与运用原理;旋翼无人机控制原理与运动状态;旋翼无人机的空气动力学特点;四轴无人机的维修保养与飞行守则。

8.14　课后习题

一、选择题

1.多轴飞行器的定义元素主要是(　　)两方面。

A.电机与机臂　　　　B.机臂与螺旋桨　　　　C.电机与臂　　　　D.飞控与机架

2.旋翼无人机机架的作用是(　　)。

A.提供安装接口　　　　　　　　　　B.提供相应的保护装置

C.提供整体的稳定和坚固的平台　　　　D.以上都是

3.下列对电机描述错误的是(　　)。

A.电机的参数前面 2 位表示电机转子的直径,后 2 位表示电机的高度

B.1 000 kV 电机空转时每分钟转 1 000 转

C.因装配原因电机臂与中心板的轴距可存在较小的差位

D. 无刷电机运转时摩擦较小,运行顺畅,噪声会低许多,但会产生电火花需要做好防护工作

4. 下列对电调描述正确的是(　　　)。

A. 电调在多旋翼无人机中也充当了电压变化器的作用

B. 电子调速器,将飞控的控制信号,转变为电流信号,用于控制电机转速

C. 每次使用电调或搭配其他遥控器使用时,都需要重新设定油门行程

D. 无刷电调最主要的参数是电调的功率,通常以安数 A 来表示

5. 下列对无人机供电系统(电池)描述正确的是(　　　)。

A. 电池放电倍率是表示放电快慢的一种量度,为使无人机飞行时间更长,一般采用放电时间慢的电池。

B. 为飞行器云台、摄影、数据采集设备供电一般采用高 C 数轻量化电池

C. 3S1P 表示 3 片锂聚合物电池的串联,电压是 11.1 V,其中:S 表示串联,P 表示并联

6. 关于螺旋桨与电机搭配正确的是(　　　)。

A. 桨的指标是 4 位数字,前面 2 位代表桨的直径,后面 2 位是桨的孔径

B. 大螺旋桨就需要用低 KV 电机,小螺旋桨就需要高 KV 电机

C. 2212KV1400 电机常采用 10 寸桨

7. 下列对遥控装置描述错误的是(　　　)。

A. 遥控器是一种发射装置,发送飞控手的遥控指令到接收器上

B. 遥控器通过 2.4 GHz 无线通信主要优点为:频率高、同频概率小、功耗低、体积小、反应迅速、控制精度高

C. 为增大操控距离遥控器可加设功率放大(Power Amplifier,PA)模块

D. 为使接收机更好地接收指令,接收机天线需要平行固定安放

8. 下列关于自动驾驶仪描述错误的是(　　　)。

A. 自动驾驶仪由两大部分组成,一部分为飞控硬件,一部分为软件

B. 自动驾驶仪硬件由全球定位系统、惯性测量单元(IMU)、气压计和超声波测量模块、微型计算机、接口等组成

C. 无人机的姿态信息主要通过 GPS 模块获取

二、简答题

1. 简述旋翼无人机的控制原理与基本运动状态。

2. 简述旋翼无人机飞行效率的计算方式。

3. 对四旋翼无人机进行室内检修时的主要方法有哪些?

4. 简述旋翼无人机的维护。

参 考 文 献

[1] 张萌.飞机原理与构造基础概论[EB/OL].[2011 - 11 - 30].https://wenku.baidu. com/view/14257c5b312b3169a451a4fd.html.

[2] 佚名.知识资料窗[J].中国航天,1997(9):45.

[3] 冯海涛.飞行器随机控制系统参数辨识估计方法[D].沈阳:沈阳理工大学,2015.

[4] 花斌.面向飞行器概念设计的虚拟造型方法研究[D].南京:南京航空航天大学,2007.

[5] 真命天子 as.航天器[EB/OL].[2012 - 03 - 01].https://wenku.baidu.com/view/ e344f6d33186bceb19e8bb82.html.

[6] 周俊涛.四旋翼飞行器飞行控制系统的设计与实现[D].大连:大连理工大学,2012.

[7] 黄牧.基于反步法的微型四旋翼无人飞行器非线性自适应控制研究[D].天津:天津大学,2009.

[8] nkym_2010.流动流体的基本规律[EB/OL].[2011 - 05 - 13].https://wenku.baidu. com/view/2c34334c852458fb770b56e7.html.

[9] yhmcckdl.飞行环境概述[EB/OL].[2012 - 07 - 29].https://wenku.baidu.com/view/ 922374d2360cba1aa811da5c.html.

[10] 建筑之家.飞行原理[EB/OL].[2010 - 05 - 14].http://www.docin.com/p - 54648149.html.

[11] 郑京良.高超声速飞行器气动加热与热防护系统性能的仿真与试验研究[D].上海:上海交通大学,2009.

[12] 王永根.密度高度及其在航空活塞发动机上的使用[J].科技创新导报,2009(19):59.

[13] 甘丽华.熔体纺丝组件中流体流动特性的研究[D].天津:天津工业大学,2016.

[14] 史三溪.作用在飞机上的空气动力[EB/OL].[2011 - 05 - 27].https://wenku.baidu. com/view/f1a6960eba1aa8114431d973.html.

[15] 杨姝.复杂机械结构拓扑优化若干问题研究[D].大连:大连理工大学,2007.

[16] 公交 13 路.飞行力学[EB/OL].[2012 - 04 - 08].https://wenku.baidu.com/view/ 4230ec19a300a6c30c229f5b.html.

[17] 王萌.风力机叶片的优化设计及气动特性分析[D].大连:大连交通大学,2013.

[18] zhuang-jr.双旋翼交叉式直升机[EB/OL].[2011 - 09 - 19].http://www.360doc. com/content/11/0919/20/3163421_149580857.shtml.

[19] 张雷.平面叶栅纹影图像处理与测量系统开发[D].西安:西北工业大学,2005.

[20] 喻懋林.基于结构仿生理论的高比强度、比刚度结构设计研究[D].北京:北京航空航天大学,2005.

[21] 蒋余芬.基于虚拟样机技术的柔性机翼协同仿真与应用[D].北京:清华大学,2006.

[22] 孙秀峰.可重复使用跨大气层飞行器气动及结构特性分析研究[D].西安:西北工业大学,2005.

[23] 张冀.基于结构拓扑优化的机翼主传力路径确定的技术研究[D].沈阳:沈阳航空工业学院,2010.

[24] 鲍觅夏,周平,郭凤,等.过载负荷下分叉血管的流动数值模拟[J].中国组织工程研究, 2019,23(4):551-555.

[25] 张振伟.机翼结构选型方法研究[D].南京:南京航空航天大学,2011.

[26] 乔巍.联结翼复合材料机翼结构优化设计与重量特性分析[D].南京:南京航空航天大学,2009.

[27] 郑辉洲.机身整体壁板结构分析[D].南京:南京航空航天大学,2007.

[28] 何子华.某飞机机身加装外挂后静力试验初步方案设计[D].西安:西北工业大学,2007.

[29] 程亮.基于关键特性的大型飞机数字化装配偏差建模与协调关键技术研究[D].杭州:浙江大学,2014.

[30] 林美安.飞机机身装配工艺及仿真技术研究[D].南京:南京航空航天大学,2010.

[31] 程学朋.基于特征的三维模型参数化设计[D].沈阳:沈阳理工大学,2012.

[32] 彭延辉,徐国华.无人驾驶直升机的技术发展及其关键技术[J].飞行力学,2004(1):1-5,17.

[33] 李才圣.电池动力无人驾驶直升机在植保领域的应用[J].中国植保导刊,2014,34(S1):49-53.

[34] 钟恢芳.EC-225直升机主桨叶振动维护[J].航空维修与工程,2013(3):72-74.

[35] doc2088.多旋翼无人机知识手册[EB/OL].[2015-09-25].http://www.docin.com/p-1300301294.html.

[36] 赵子然.旋翼机航拍全攻略[J].中国摄影家,2015(1):112-141.

[37] 张维佳,岑贞锦,黄小卫,等.无人直升机多天线超远程直播系统研究[J].通讯世界,2016(20):5-6.

[38] 张维佳,黄小卫,吴聪,等.基于成品无人机的云台改造研究[J].机电信息,2018(30):66-67.

[39] Pcbforum.旋翼的空气动力特点[EB/OL].[2013-05-03].https://wenku.baidu.com/view/5e13a03eeefdc8d376ee3247.html.

[40] Jtlijun.直升机的飞行原理[EB/OL].[2013-03-14].https://wenku.baidu.com/view/234200e6102de2bd96058884.html.

[41] 杨思力,陈闽叶,项阳,等.多功能无人机的开发设计[J].电脑知识与技术,2019,15(14):262-265.

[42] 李艺涵.四旋翼与固定翼混合布局无人机系统的研究[D].天津:天津科技大学,2018.